生态水利学系列丛书（二）

河川廊道栖息地恢复
——理论与实践

李鸿源　胡通哲　著

内 容 提 要

河川廊道的横向组成主要为河道、河滩地及漫流高地，纵向的组成从上游到下游区分为源头区、转换区及沉积区。传统的河川治理，多以工程安全与力学的观点切入，本书提供不同的视野来看待，除了既有的河相与水文水力，更融入生态复育的观点，从河川廊道的空间与时间尺度、特性与功能、干扰分析、问题界定，到确认河川复育的目标，再进行替代方案选择与规划设计，最后的阶段则是实施与评估，涵盖完整的工作内容。

该书可适合水利水电工程建设、管理和从事生态环境保护人员，也可作为大专院校和研究人员的参考书

图书在版编目（CIP）数据

河川廊道栖息地恢复 : 理论与实践 / 李鸿源, 胡通哲著. -- 北京 : 中国水利水电出版社, 2012.7（2017.6重印）
（生态水利学系列丛书. 第2辑）
ISBN 978-7-5084-9965-9

Ⅰ. ①河… Ⅱ. ①李… ②胡… Ⅲ. ①河流－廊道－栖息地－生态恢复 Ⅳ. ①X171.4

中国版本图书馆CIP数据核字(2012)第155401号

书　　名	生态水利学系列丛书（二） **河川廊道栖息地恢复——理论与实践**
作　　者	李鸿源　胡通哲　著
出版发行	中国水利水电出版社 （北京市海淀区玉渊潭南路1号D座　100038） 网址：www.waterpub.com.cn E-mail：sales@waterpub.com.cn 电话：(010) 68367658（营销中心）
经　　售	北京科水图书销售中心（零售） 电话：(010) 88383994、63202643、68545874 全国各地新华书店和相关出版物销售网点
排　　版	中国水利水电出版社微机排版中心
印　　刷	北京博图彩色印刷有限公司
规　　格	184mm×260mm　16开本　9.25印张　219千字
版　　次	2012年7月第1版　2017年6月第2次印刷
印　　数	1001—2500册
定　　价	**48.00元**

作者简介

李鸿源

李鸿源教授为台湾治水专家，国际知名水利理论与实务学者，台湾大学土木工程学系教授，联合国教科文组织荷兰IHE大学客座教授，中国水利水电科学研究院客座教授。长期致力于推广可持续发展、生物多样性、节能减碳、清洁生产、绿色能源、低碳社会等新观念以及相关政策推动、规划与执行，提出前瞻性和永续性的“整合治水方案”，以持久构建解决因全球暖化气候变迁而不断恶化的居住环境。

学历： 美国艾奥瓦大学土木与环境工程学系，博士
美国艾奥瓦大学土木与环境工程学系，硕士
成功大学水利工程学系，学士

胡通哲

胡通哲副教授的专长为水利工程。曾获得台湾颁布的杰出研究奖。在1995年时因缘际会进入台湾特有生物研究保育中心，开始从事河川拦河堰与防洪防沙设施对生态影响减轻课题的研究，之后持续地进行生态工程的研究，至今已十数年。目前研究的领域多为河川溪流、农田水利与森林集水区等淡水水域生态与工程建设相冲突的议题，主持或参与的研究计划已超过50件。

学历： 台湾大学土木工程研究所，博士、硕士
台湾大学土木工程系，学士

自 序（一）

先民逐水草而居，河川自古以来即与人类文明发展有着不可分割的关系，由于水资源利用，如发电、灌溉、休憩等，以及防洪、防灾考虑，修筑各式的跨河及沿河构造物，如堤防、水坝、拦河堰等，满足了人类的需求，但也对河川的稳定、河川型态、栖息地生态造成不可弥补的伤害。

传统的工程思考逻辑，人是唯一的指标物种，所有的设计都以满足人类的需求为主。自20世纪80年代开始，生态保育的概念慢慢被重视，于是类似鱼道、石梁等近自然工法开始出现在一些设计概念中，这些只是点状的工程个案，少有从整个河川的整体生态通路进行考虑，于是有生态廊道的概念被提出来，希望在河川工程设计中，除了确保人类的需求之外，也可以让整个生态系在沿着河川的通路，甚至接近河川的通路不会受阻。

美国农业部尝试对所谓的“河川廊道”这个概念做定位，但是严格来说，其对所谓河川廊道的了解，大多还停留在定性的描述，基本上尚未达到当工程设计准则的程度。然而，他山之石可以攻玉，这就是撰写本书的目的。针对台湾的河川廊道栖息地做理论与实践的验证和了解，希望对不管是学工程的人或学生物的人也好，对所谓河川廊道都有一定的了解，更重要的是，试图在实证过程中对河川廊道栖息地作定量的描述，以利做工程设计时有所依循。

本书前三章从河川廊道的概述着手，介绍基本的河流形态学概念，接着阐述水文及水力特性及生态系统；接着第四章描述河川廊道所面临的干扰；第五章为问题界定，开始叙述从资料搜集、分析，提出目前河川廊道所面临的问题；第六章为组织动员，包含顾问与技术团队的组成，与在河川修复过程中人与人之间的互动；第七章开始介绍解决问题的工具及方案；第八章为河川廊道分析；第九章为改善规划的设计与技术；最后一章为第十章，说明实施过程、监测评估与维护管理、工作执行与评估所需技术。

河川廊道的整体概念，应该是从一条线性河川上、中、下游，最后变成一整个带状河流，不但与水利工程有关，也跟土地利用与都市规划有关，甚至更广义、更长远而言，与国土规划也有密不可分的关系。希望这本书对研究从事者可以激发一些新的灵感，对工程实务从事人员提供解决问题的方法，更期待因为本书的出版，有更多的人愿意投入这一学科的研究。

李鸿源谨识

2010年7月于台湾大学土木工程学系

自 序（二）

本书的编纂缘起于执行《河川廊道栖息地改善复育技术及对策之研究》计划，该计划完成河川廊道恢复手册。为力求完整，经会商决定以美国农业部USDA所出版的《河川廊道恢复理论与实证》（Stream Corridor Restoration－principles，processes，and practices）手册为本，取得该单位的授权进行编译，经过该单位的同意，希望能加入本土的研究资料，因此在撰写的方向朝这方面来努力，特别是仅适用在美国的生物物种，在适当的地方加入对台湾特有物种的看法。

本书共分十章，包含河川廊道的定义、特性、常见干扰、分析，进而说明如何进行问题界定与确定目标，最后才是说明规划设计技术与恢复方案如何实施。本书可作为大专院校生态工程相关方面的参考教材，亦可供水利、土木从业工程人员参考，以期减轻河川工程对生态的影响。在编纂过程中，承蒙王筱雯助理教授、蔡慧萍小姐的协助，特此致谢，此外一并感谢美国农业部授权、施上粟博士的辛劳联系及《河川廊道栖息地改善恢复技术及对策之研究》经费的资助，方使本书有机会问世。通哲学识有限，舛误难免，尚祈博雅先进，不吝指正。

另外，感谢美国农业部自然资源保育署保育工程处的Jerry M. Bernard来函同意本书的翻译，遵其嘱咐注明“这个翻译的版本并非是经过美国审核同意的出版品”。

胡通哲谨识

2010年7月于台北木栅寓所

目　　录

第一章　绪　　论

本书旨在介绍如何以河川廊道（Corridor）的概念推动河川恢复工作，促进持久发展与生物多样性，多数篇幅翻译自美国农业部的《河川廊道修复手册》[Stream Corridor Restoration - Principles，Processes，and Practices（USDA，2001）]，已获美国农业部的授权同意翻译与采用图片，依其建议将台湾的河川廊道功能特性编写入本书。

本书共分十章，以下分别就各章主要内容进行说明。第二章概述河川廊道的定义，介绍其主要组成的部分河道（Stream Channel）、河滩地（Floodplain）和漫流高地（Transitional Upland Fringe），探讨说明河川的空间尺度与时间尺度。恢复工作的规划与执行者必须拟定多个时间尺度方案，恢复工作的时间尺度通常是以数年到数十年为主。本章还阐释了河川廊道的横向与纵向观点，河川横向观点主要在河道、河滩地和漫流高地三个部分，并简要说明如何区分三者间的分界。

第三章介绍河川廊道特性与功能，主要有以下五个特性，包含水文与水力（利）历程（Processes）与特性、地形空间历程及特性、物理与化学特性、各种措施对水质的影响、生物族群特性及功能与动态平衡等。在水文与水力历程一节中，介绍河川廊道横向与纵向的水文水力历程，包含水文循环、流量分析，最后提到流量变化对生态的影响与冲击。地形空间（河流形态）历程特性则对基础水文过程中的物理或地理功能加以说明，包括河川地形的发展过程中与水相关的侵蚀、运移、沉积三种过程，并分成河川廊道横向、纵向地形历程两个章节介绍。本书认为无论是积极恢复（直接的改变）或消极恢复（管理或移除干扰因子），成功的不二法门就是充分了解河川发展过程中水和泥沙的特性与功能。物理和化学特性中阐述了水质是恢复的首要目标，必须进行考虑，本章包含物理特性与化学特性两节，物理特性着重于泥沙、河川廊道横向沉积及河川廊道纵向沉积的水质观点；化学特性着重于酸碱度（pH）、碱度（Alkalinity）和酸度（Acidity）、溶解氧（Dissolved Oxygen，DO）、养分（Nutrients）、毒性有机化合物等方面的叙述。生物族群特性说明了鱼类、野生动物、植物及人类都是恢复河川廊道时必须考虑的重要生物因子，分成水域生态系统、陆域生态系统两个部分。在功能和动态平衡一节中，介绍了河川廊道的六个主要功能：栖息地（Habitat）、通道（Conduit）、障碍（Barrier）、过滤（Filter）、源头（Source）及渗透（Sink），河川廊道的生态系统是否健全，取决于这些功能是否运作良好。

第四章说明河川廊道受到干扰，进行栖息地恢复必须厘清河川廊道内部与邻近的干扰，进行诊断以对症下药，一般的干扰可分为自然干扰（Natural Disturbances）和人为干扰（Human - induced Disturbances）两大类。自然干扰可区分为洪水、森林火灾、地震、病虫害、山崩地滑、干旱、气候异常等自然事件；人为干扰有许多种，常见的为水坝、

曾文水库集水区
北势溪防沙坝
北势溪防沙坝鱼道捕获的鱼类

人工渠道化和外来种入侵等。在河川恢复工作中，最为困扰的人为干扰应该是土地使用方面的问题。

第五章的重点在于河川廊道的问题界定，这项工作很困难但却很重要，首先要充分了解目前廊道中的各项资源状况，进而对问题详加描述，包括待改善的问题是什么，恢复工作完成后能获得的收益有多少等问题。本章包含资料搜集、资料搜集工作项目（物化环境及生物数据）、现状特性描述、比较现状与欲达成之状况、分析河川干扰因素、决定适当管理措施（非工程方法），最后则以简要的方式陈述问题。

第六章则针对组织动员工作加以说明，属于人与人的层面，内容包含组成顾问团队（咨询小组）、组成技术团队、确认资金来源与建立决策组织、各团队间的联系人员、信息分享和记录过程。

第七章则介绍如何确定目标（Goals）与替代方案（Alternatives），基础步骤包括：确定目标和目的（Objectives）、选择替代方案、设计恢复方案、成本效益的评估。在本章中，有关恢复目标与目的的确定，首先要确定希望达成的河川廊道状态，再进行合适的空间尺度的判定，据此判断栖息地改善的限制因素与项目，最后才是确定出恢复目标与目的，一旦确定，便要努力推动以达成目标，避免轻易修改。

第八章则针对河川廊道的问题进行分析，也是本书中较为重要的部分，分析的工作包括水文分析、洪峰量分析、河流形态分析、输沙分析、安全性分析、生物多样性指数分析、生物分析指标、地理信息系统数据库、河川环境指数分析、河川栖息地管理模式、定性栖息地评估指数等，共有十节，书中的说明有台湾的实证经验支持，撰写的方式采取点到为止的方式撰写，不同专业背景的读者若有兴趣作进一步的延伸研究。

第九章主要在说明河川廊道恢复工作的改善规划设计与技术，其考虑的方面包含河川廊道中变动的结构性特征，如河谷型态、连续性及尺寸、土壤性质、植物群落、河川栖息地工法、河川恢复、土地使用愿景、物理栖息地模拟等。其中在河谷型态一节中，有两种方法可运用：参考性质类似的河川廊道和目标物种功能上的需求。在植物群（Plant Communities）一节中，原著花了相当的篇幅介绍，本书仅介绍重点内容，其中对于植物的缓冲带，补充了台湾在这方面的文献与研究。其它地区的缓冲带标准，应该参考当地环境与植物特性。本章最后一节整理了规划设计可参考的查阅表，依照规划设计步骤进行查询检查，才能不遗漏重要准则。

第十章则针对恢复方案的实施与评估进行说明，包含如何推动恢复工作、监测评估与维护管理、工作执行、评估所需技术。其中在监测评估与维护管理一节中，说明恢复方案的工程完工后，并不意味全部的工作都已经完成，监测（Monitoring）、评估（Evaluation）与适应性管理（Adaptive Management），是相当重要的工作，这部分所需经费不高，然而开展得好却有画龙点睛的效果。

第二章　河川廊道概述

本章旨在介绍河川廊道的概念，及其构成的主要元素（河道、河滩地和漫流高地）。河川廊道的五个空间尺度包括区域尺度（Region Scale）、地景尺度（Landscape Scale）、河川廊道尺度（River/Stream Corridor Scale）、河川尺度（River Scale）和河段尺度（Reach Scale）。一般河川廊道尺度比河川尺度大，但比地景尺度小，此外流域治理常被提及的集水区尺度（Watershed Scale），可能与地景尺度重叠，但包含河川廊道尺度。

地景生态学家常将空间结构区分为基质（Matrix）、区块（Patch）、廊道、镶嵌块（Mosaic）等四个基本项目，可用来说明河川廊道空间的组成结构。

河川廊道包括三个主要组成部分（Major Components）：河道；河滩地；漫流高地。

河道、河滩地和漫流高地在地景中并不是独立的单元，而是以动态的方式相互结合运作（图 2.1），意即河道可能因为洪水拓展范围，使得河滩地范围缩小，漫流高地亦可能因河滩地拓展范围而缩小，这些都是动态互动的关系，会随时间改变，范围无法用统一标准界定，需因地制宜。本书提供相关的概念，方便读者区分河道、河滩地和漫流高地三者的差别。

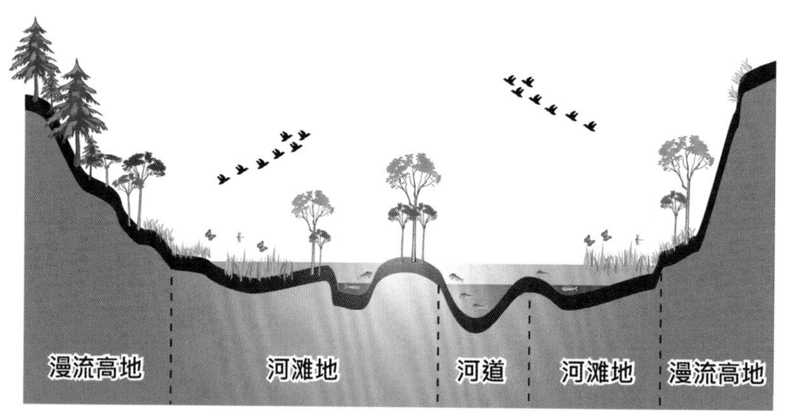

图 2.1　河川廊道三大元素示意图

在河川廊道中，水、物质、能量和有机物随时随地都在进行交互作用，提供维持生命不可或缺的重要功能，如养分的循环；径流所携带的污染物，经过滤、吸收后，逐渐脱离水量；提供维持鱼类和野生动物栖息地；补充地下水和维持河川流量。

一、多重空间尺度与时间尺度

空间尺度分为五种，由大至小（图 2.2）分别是区域尺度、地景尺度、河川廊道尺

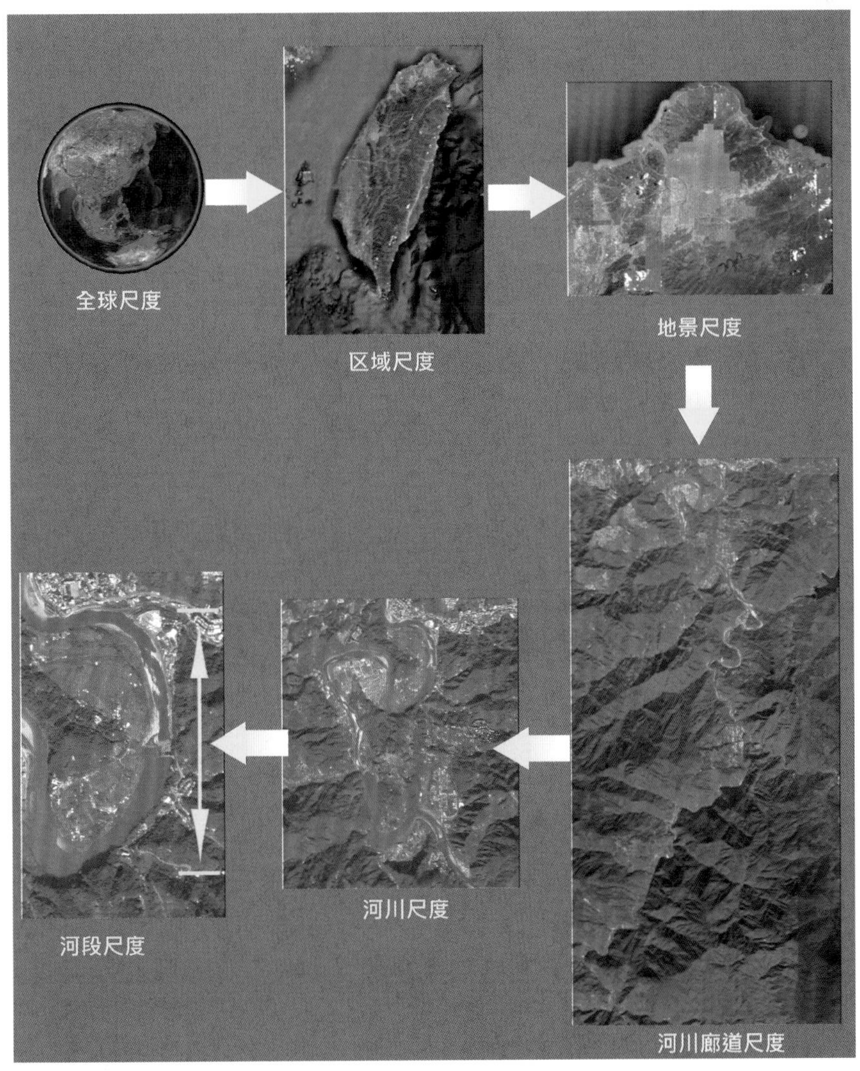

图 2.2　不同空间尺度的生态系统
（资料来源：Google earth 与南势溪航拍图）

度、河川尺度、河段尺度。空间尺度中每个元素都和其它的生态系统息息相关，这种生态系统外部的连接和生态系统内部的功能一样重要（Odum，1989）。

地景和河川廊道分属不同的空间尺度，把它们分别当做独立的生态系统会有助于容易了解地景、集水区、河川廊道及河川相互间的运作情形。大部分的生态系统运作受到内部与外部环境的影响，如能量的交换（河川水体的冷热变化可能受到太阳光照射或外在气候的变化所致）；如生物的行为（哺乳类的迁徙、鱼类的群聚等现象会受到阳光照射、食物来源等外在输入环境的影响）；如物质的运动（泥沙的运动，会受到外在降雨所形成的暴雨径流的影响）。

每一个大尺度的生态系统都会包括一个或数个小尺度的生态系统，这个小尺度生态系统的功能与结构即是大尺度生态系统功能与结构的一部分，且可能受到周边邻近生态系统

物质或能量输入或输出的影响。

以下对空间结构、空间尺度及时间尺度进行进一步说明。

（一）物理结构

地景生态学家常用四个项目来定义某个特定尺度的空间结构（Spatial Structure）（图2.3）。

（1）基质：构成地表土地覆盖（Cover）的主要项目，并与其它不同的地表覆盖物相接连，基质可能是大片森林、农地、湿地、都市区，也可能是由两种以上不同的土地形式所组成。

（2）区块：通常是多边形地区，比基质面积小，例如大片国有林地（基质）中的小片丛林（区块）、草地（区块）、湖泊（区块）。

（3）廊道：一种线型或狭长型态的特殊区块，和其它区块相互连接，例如河川廊道、滨溪廊道或公路廊道。

（4）镶嵌块：又可称为马赛克片，是一些小区块的集合，例如某个尺寸大小的方形镶嵌块中可能包含小片丛林与农地。

在所有尺度中，基质—区块—廊道—镶嵌块的模式适用于描述环境结构。以图2.3为例，基质为大片森林，区块为丛林，廊道为图中的溪流与周边的绿带，镶嵌块则包含了小型丛林或草地。

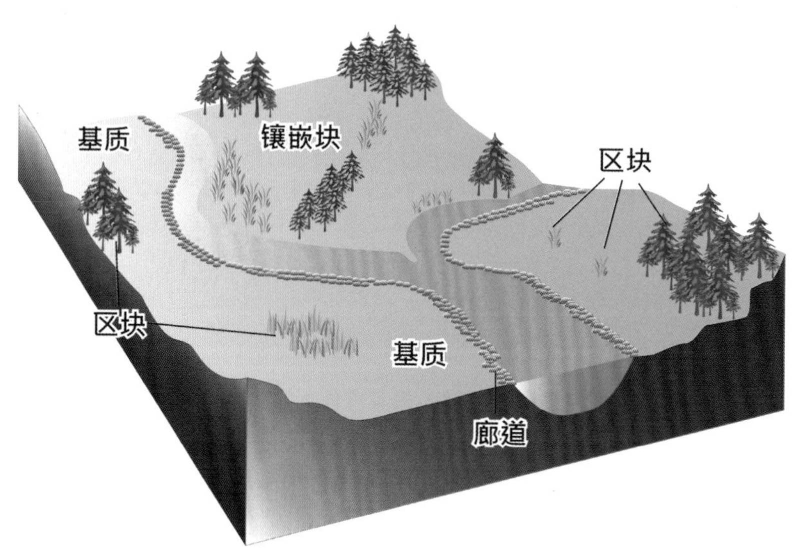

图2.3　基质、区块、廊道、镶嵌块示意图
（改绘自美国农业部的《河川廊道修复手册》，2001）

（二）空间尺度

空间尺度包括区域尺度、地景尺度、集水区尺度、河川廊道尺度和河段尺度等，下面作进一步说明，由于河川尺度显而易懂，故不进行说明。

1. 区域尺度

区域是指一个宽广的地理范围，有共同的气候条件的人类活动范围（Forman，

1995)。在区域尺度中所见的空间元素就是地景，可能包括山脉、主要河谷和廊道间的区域，因为区域的尺度太大，所以大部分的河川廊道恢复规划与执行者不会利用区域尺度进行设计。

2. 地景尺度

地景是指一个地理区，分布着自然群落、湿地及人类使用区（如农地和村落）。在地景的尺度下，区块（如湿地、湖泊）和廊道（如河川廊道）通常被当做一个生态系统，基质通常是主要的自然植物群落（如大草原、森林及湿地）或主要的土地利用生态系统（如农业区或都市）。

廊道在每个尺度中都扮演着很重要的角色，生态系统关键的特性就是系统内外能量和有机质的流动。廊道所扮演的角色就是流动的主要通道，连接区块与区块，并且作为生态系统和外部环境的流通管道。

对廊道来说，空间结构帮助能量流转；相反地，经过一段时间，这些运作流转也会改变结构，因为空间结构是过去能量运转的结果。了解结构与能量循环的历程，才能顺利掌握每种尺度下的生态系统运作规则。

3. 集水区尺度

集水区尺度是另一种河川廊道的尺度，因为河川廊道的许多功能都和排水形式相关，所以集水区尺度最常被河川廊道恢复方案的规划与执行者采用。

大部分河川廊道和外部环境的能量流转都跟水有关，所以集水区概念是规划和设计河川廊道恢复方案的关键。集水区是指某区的水、泥沙及溶解物在河道某点有共同的出口(Dunne 和 Leopold，1978)。集水区可以是一个大型的河川集水区。也可以是一个小型集水区。由于大小差距可能非常悬殊，用空间尺度概念来表示集水区并不恰当，因此本书在空间尺度的分类中并未将集水区纳入其中。

然而，集水区的生态结构（Ecological Structure）仍然由基质、区块、廊道及镶嵌块所组成，但是通常会用上游、中游、下游地带、分水岭、边坡、台地、河滩地、三角洲、河道等名词来讨论集水区的不同组成。简言之，集水区尺度和地景尺度是重叠的，但两者的环境过程不同。地景是依据地表覆盖的连续形式来区分，而集水区的边界是由分水岭来区分，集水区的生态历程跟水息息相关。

制定恢复方案时，必须清楚地了解集水区和地景的不同，同时考虑水文和能量流转因素，综合考虑集水区的科学研究和地景生态学，才能让恢复的观点更加完整。

4. 河川廊道尺度

河川廊道是介于地景与集水区尺度中间的尺度。在河川廊道中，经常可见由大型带状的植物群落构成的滨溪林廊道、由沿溪公路组成的公路廊道（Road Corridor)、或由数个小型河中岛连成的区块。关于河川廊道的尺度，建议读者可从山岭高处俯瞰或根据航拍图，帮助体会其尺度的意义（见图 2.4 中的宜兰县武荖坑溪河川廊道，河道与河滩地仅占小部分，而漫流高地的范围将会延伸到高处的分水岭）。

河川廊道尺度可能包括自然区地和人为区块。

(1) 自然区块。包括湿地；森林、灌木区或草地区；牛轭湖（Oxbow lakes)；河中岛（Island)；位于受水流冲刷护岸的保护区；低流量时，河道中的主河道。

图 2.4　宜兰县武荖坑溪的河川廊道
（拍摄者：胡通哲）

（2）人为区块。包括住宅区或商业发展区；游憩区；人类划定的边界。

5. 河段尺度

河段的定义方法有很多种，如根据流速可将河道区分为流速快的急流区与流速慢的深潭区；或者用化学因子、生物因子、支流的影响或其它人为影响进行区分。

河川和河段中的区块可能还包括：滩和潭；枯倒树木；水生植物底床；河中岛和自然的河曲沙洲（Point Bars）。

（三）时间尺度

时间尺度和空间尺度是并行的，通常在恢复刚开始时，过大的时间尺度和过大的空间尺度（如全球尺度等）皆不适用。通常恢复的时间尺度以数年到数十年为主，地形、气候的改变时间可能要比恢复的时间尺度长远。

举例来说，集水区的土地使用改变就会对河川廊道产生许多干扰。土地使用改变影响的时间尺度有许多，例如 1 年（农作物轮作）到 10 年（都市化），甚至一个世纪（长期的森林管理）等。因此，恢复方案规划与执行时，必须考虑土地使用等的时间尺度。

洪水是另一项空间与时间的自然历程。在台湾，梅雨季节或锋面降雨造成的径流，有些是可预测的，而大型暴风雨或台风所带来的洪水往往无法预测，但是在设计恢复方案时还是必须要考虑的。水利工程师把洪水依照时间尺度分为不同重现期的事件，如（Return Period）10 年、100 年及 200 年等，这在设计恢复方案时是非常实用的信息。

恢复规划与执行者必须草拟多个时间尺度的方案。例如，如果要在河川中设置结构物，就必须考虑以下情况：

（1）水生生物产卵期不可施工（短期考虑）。

（2）结构体必须能承受 100 年或更久重现期的洪水（长期考虑，因地制宜）。

恢复方案一旦开始进行，就不可以任意中止。只有设计符合生态系统动态原则的恢复计划，才能更好地克服时间上的挑战，有时适应性管理是必要的。

二、横向观点的河川廊道

前一节讨论了基质—区块—廊道和镶嵌块的模式，也讨论了河川廊道和其外部环境的各种尺度。本节将讨论横向观点（Lateral View）的河川廊道物理结构。横断面的河川廊道包含三个主要组成部分：

（1）河道：一年间至少有一段时间水道中有流动的水。

(2) 河滩地：河道两旁或一侧可允许不同重现期洪水淹没的区域。

(3) 漫流高地：位于河滩地的两旁或一侧，作为漫流的过渡区或与周围地景的分界(并非河滩地)。

以下分别介绍河道、河滩地及漫流高地的特性。

(一) 河道

与河道型态关系最密切的就是水、泥沙和沉积物。河岸的边坡为内斜坡 (Scarp)，河道最深的地方为深槽线 (Thalweg)。河道横断面的定义是以水量不会漫淹溢出河道的范围为主。河道的平衡与水流状况是修复规划与执行者需要特别注意的。

根据 Lane (1955) 冲积河道 (Alluvial Channel) 平衡关系式，影响河道平衡的基本因子有河床质含沙量 Q_s、50%底床粒径 D_{50}、流量 Q_w、坡度 S 等四项，而河床质含沙量和 50%河床粒径的乘积正比于年平均流量和河道坡度的乘积。以图 2.5 的天平秤为例，左侧可依据河床沉积物粒径大小而水平移动，右侧则可随着坡度改变而移动。

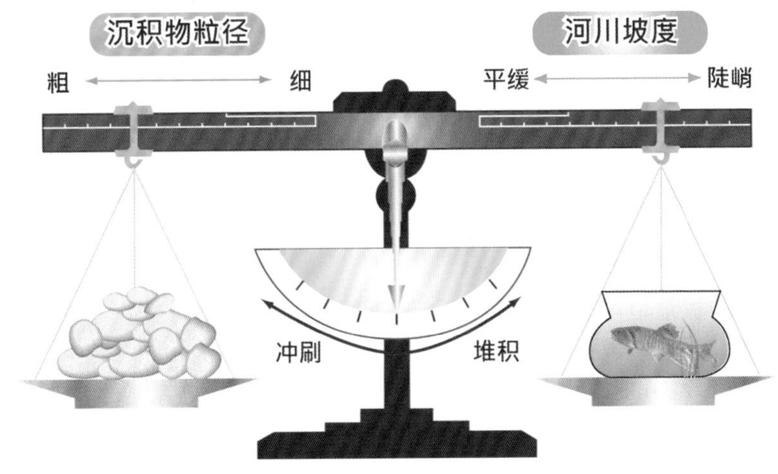

图 2.5　河道平衡影响因子示意图

[改绘自：Rosgen (1996)，其中右方水瓶中的鱼类仿绘台湾特有种的粗首鱲]

河道的平衡必须要四个因子都相对稳定，一旦发生干扰，平衡很容易暂时消失，需要等其它因子调整后才能继续保持河道的平衡。如果坡度增加而流量保持不变，河床载或河床粒径大小也必须随之增加。同样的，若流量变大而坡度保持不变，沉积量或河床粒径大小就必须随之增加，或可透过侵蚀机制以产生较大粒径的河床以达到河道的平衡。

通常冲积型河川会随时调整这四项因子，以重新建立新的平衡，即所谓的动态平衡；非冲积型河川，如河床是岩盘或人工混凝土河道，就不能运用 Lane 的关系式。

以下针对河道中水流、流量的特性，加以说明。

1. 水流

河道中很重要的物质就是水，如果没有水源，河川就会干枯。无论什么时候，水流来源对于河川都十分重要。在水循环中，降雨是水的基本来源，降雨量与强度会影响一条河川。通常执行恢复方案时，必须分析降雨过程。

降雨的两项基本组成为：

（1）暴雨量：雨时很短，并且雨水迅速从地表或浅层地下水含水层进入河道。

（2）基流量：降雨渗入地下水后，缓慢地通过地层孔隙介质再进入河道。在降雨量少或根本不降雨时，基流量是维持河川流量的主要部分。

暴雨降雨过程线图是一种能表现时间序列上降雨量变化的工具。上升段（Rising Limb）可表示在一场降雨事件中，河川到达最大流量需要的时间，高峰之后的曲线称为衰退段（Recession Limb）。

2. 流量

如前所述，水流是影响河道尺寸和形状的重要因子之一。水的流量指的是通过河道中某特定断面的水量，基本单位为立方米每秒（m^3/s）或每秒立方英呎（ft^3/s）。

流量的算法是：

$$Q=AV$$

式中　Q——流量，m^3/s 或 ft^3/s；

A——过水面积，m^2 或 ft^2；

V——平均流速，m/s 或 ft/s。

河川流量又可分为以下三种型态：

（1）形成河道的主要流量（Channel－forming Discharge）：如果水流在河道中持续不变，则水流会促使河道演变成现在的形状，此水流称为形成河道的主要流量。可利用相关的深度、宽度和形状计算。

（2）有效流量（Effective Discharge）：通常采用以代表形成河道主要流量的数值，即由计算方法推算的流量值，其需要长期的流量和泥沙数据才能计算出来，且每条河川都不相同。恢复时若没有这些数据，则可用模型计算的结果代替。

（3）满岸流量（Bankfull Discharge）：满岸流量则指发生在水溢出河道时的流量。

（二）河滩地

河水经年累月的横向移动，加上周期性洪水带动沉积物纵向移动并沉淀在河道河床，于是河道慢慢地调整河床，使大多数河川的底部呈现平坦状态；当河道发生迁徙时，上游的流况稳定且河道保持平衡，河道的尺寸和形状也会和原来差不多。

河滩地有两种型态：

（1）水文学上的河滩地：邻近基流量河道，并且低于满岸流量高程的土地。淹没时间大约 2～3 年发生一次，但并非每条河川廊道都会有水文学上的河滩地。

（2）地形学上的河滩地：邻近河道的土地，包括水文学上的河滩地和其它包括某洪水重现期淹没的土地。

在进行恢复时，美国确定河滩地的边界以 100 年或 500 年的洪水重现期作为设计的参考标准。在台湾则无定论，应该是依保护对象而定。但因近年来极端气候越来越常发生，故宜采用比较高的标准。

1. 洪水量

河滩地通常提供了洪水和沉积物暂时的储存区，可在洪水发生时，提供两场降雨之间和径流洪峰的缓冲时间。如果河道本身的容水量和沉积物的运移能力减小，或集水区的入沙量太大，发生洪水的几率会更加频繁，河床淤积也会更快。

2. 地形和沉积

横向的迁徙主导着河滩地的地形，土壤与含水量的改变可支持多样性的生物栖息地型态。河滩地的地形和沉积包括以下八种类型（图2.6）：

（1）蜿蜒卷形（Meander Scroll）：通常发生在中下游且年代久远的河川，由于泥沙沉积的关系，使得河道呈现蜿蜒卷曲的平面形状，如图2.6所示。

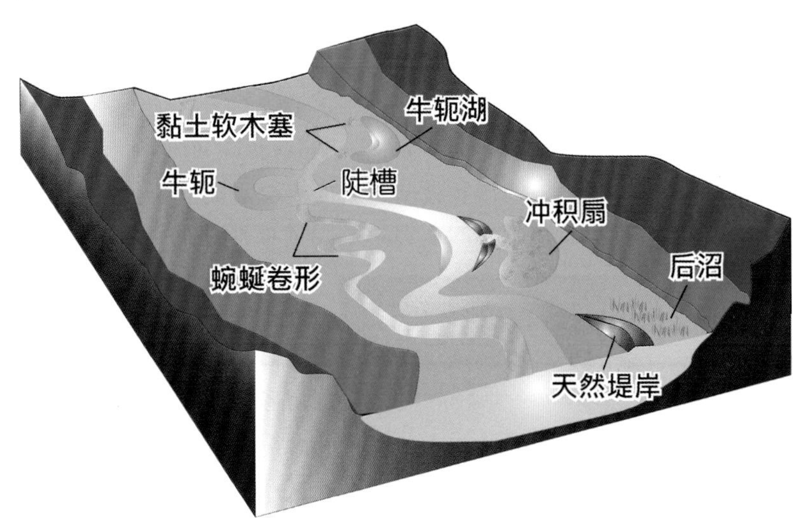

图2.6　河滩地的地形特征
（改绘自美国农业部的《河川廊道恢复手册》，2001）

（2）陡槽（Chute）：河川冲破既有河道的蜿蜒卷形，形成流速较快、坡度较陡的新河道（类似天然的截弯取直）。

（3）牛轭：上述新河道形成后被分离开的蜿蜒U形河道，其形状像架在耕牛脖子上的牛轭，流量大时可能会与新河道相连。

（4）牛轭湖：形状类似牛轭般弯曲形状的湖泊，往往是蜿蜒卷曲的旧河道经过改道和主河道分离后所遗留下的湖泊水体，平常则被所谓的“粘土软木塞”与新的主要河道分隔开。

（5）粘土软木塞（Clay Plug）：在牛轭湖和新的主要河道交互作用后发生的土壤沉积，宛如软木塞堵在牛轭湖与新河道之间。

（6）天然堤岸（Natural Levees）：有些河川在洪水时会沿着河岸形成天然堤，当沉积物随着水漫流出边坡时，它的深度与速度瞬间流失，所以比较粗的颗粒会沉积下来，聚集在河道边缘。

（7）冲积扇（Splays）：天然堤产生后，粗颗粒形成的冲积扇，宛如展开的扇子，变得一头较大，一头较小。洪水消退后，天然堤和此冲积扇都可阻隔涨上来的水，使其再度返回到河道。

（8）后沼（Backswamps）：天然堤岸产生后，在堤后所形成的河滩湿地、沼泽。

（三）漫流高地

漫流高地是河滩地和周围地景的交界区，其顺序由下至上为河道—河滩地—漫流高

地一不同的周围地景特征。因此，漫流高地的最边界也就是河川廊道的最边界，其边界与相接邻的地景特征是截然不同的。

在地理过程中，相关的水文和地形作用可能会塑造一部分的漫流高地，但是这些作用并非是维持或改变现状的主要因素，土地使用的行为才是河川廊道中最主要的影响因子。

漫流高地没有一个标准的横断面。它可以是平坦的、有坡度的甚至在某些案例中是垂直的。它可以包含山坡、峭壁、森林及草地，随着土地使用的不同而异。由于漫流高地和河川以及河滩地有着密切的关系，因此所有的漫流高地都具有和周围地景截然不同的特征。

河滩地和漫流高地的分界通常称之为河阶地（Terrace），但必须强调并非每种型态的河川都会有明显的河阶地。河阶地的形状会随着新的流况、泥沙粒径与沉积量的改变，以及集水区出水口的高程而改变。河阶地的形态可利用前面所述的河川平衡方程式来解释，当一个因子改变，其它因子就会随之调整以达到平衡。因此如果洪水改变了输沙的粒径，都有可能改变河阶地的形状，就是因为河川因子的改变，而往新的平衡调整。

图 2.7　新西兰韦帕拉河

（拍摄者：胡通哲）

图 2.7 为位于新西兰南岛的韦帕拉（Waipara）河的中游段，为站立在河道中拍摄的景象。左上角远处为漫流高地，越过漫流高地的顶端，为大片的草原地（见图 2.8）。此周边地景（大片草原）与漫流高地有明显的分界，图 2.8 大片草原的下缘看不见的阴影区块为韦帕拉河的河道与河滩地，因此很容易判断韦帕拉河漫流高地的边界。

如果漫流高地的上缘与周边地景没有明显的分界，则河川廊道的范围有可能扩及河谷的分水岭，不过要看河川的型态而定。通常案例分析时，采用大范围的河川廊道在操作上有些困难，因此需要借由一些主观判定，例如设定漫流高地为河道宽度的若干倍数。

（四）河川廊道横向植物

植物是河川廊道中非常重要的元素之一。在某些低度干扰的河川廊道中，植物群落可以无阻碍地横贯整个廊道（植物群落的分布取决于水文和土壤状态）。在比较小的河川，滨溪植物甚至可形成一个河道遮蔽带。

植物群落扮演着判断河川廊道状态是脆弱或潜力发展的重要角色。因此，进行恢复时，植物型态、范围与分布、土壤含水量、高程、物种组成、年龄、活力及根系的深度都需要详加考虑。图 2.9 为位于宜兰县山区的圳头坑溪的一角，是条宽度不到 10m 的小型

图 2.8　新西兰韦帕拉河漫流高地顶端的大片草原地
（有明显的地景分界）（拍摄者：胡通哲）

图 2.9　小型溪流的植物遮蔽—宜兰县圳头坑溪
（拍摄者：胡通哲）

溪流，下游河道较宽连通到海，生态物种丰富且鱼、虾、蟹皆有捕获记录，其横向植物遮蔽良好。

（五）洪水脉冲概念

对于许多滨溪植物群落和赖其生存的野生动物而言，河滩地扮演着不可或缺的重要角色。有些滨溪植物需要洪水来帮助更新世代（移除老化的植物帮助植物群落更新），而洪水同时也滋养了河滩地（沉积物和养分），并且为无脊椎动物、两栖爬虫及鱼类繁殖提供必要场所。

对于水库下游的生物，若是一成不变地下泄固定的基流量，并非是件好事，有时需要比较大的流量来产生类似洪水脉冲的作用。

三、纵向观点的河川廊道

河川廊道的横向面和纵向面息息相关。河道宽度和深度增加，过水面积和过水量也会增加，侵蚀和沉积的过程也会随之改变。虽然各条河川的情况不一样，但是结构改变的次序都是从河川源头开始。

（一）纵向区域

所有河川的纵剖面都分为三区段（Zone）（Schumm，1977）。图 2.10 可看出每一部分的特征，第一区段是源头区（Headwater Zone）或上游区，坡度通常很陡，集水区中的泥沙被冲蚀并带往下游；第二区段是转换区（Transfer Zone）或中游区，接收部分被冲蚀下来的泥沙，通常拥有宽广的河滩地和蜿蜒的河道；第三区段是沉积区（Deposition-

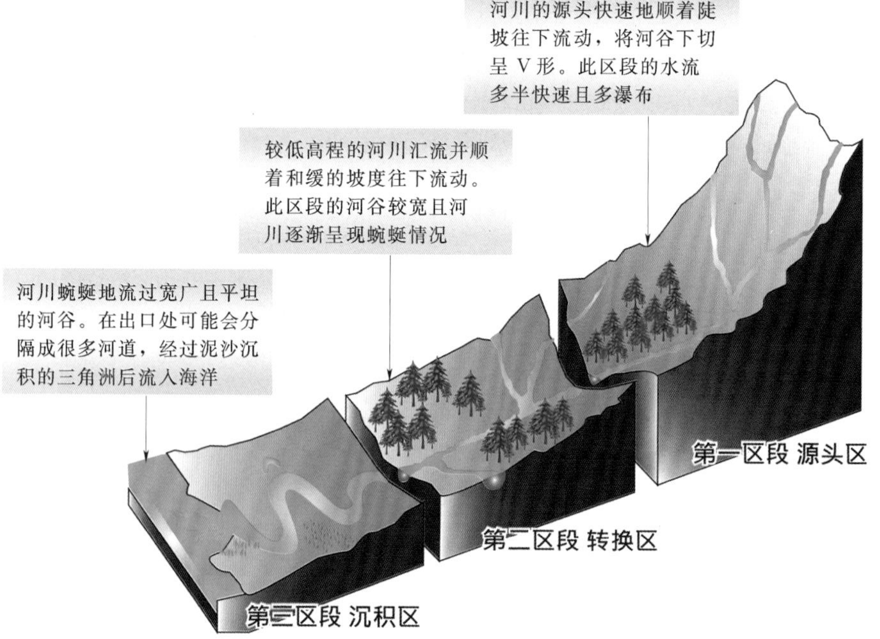

图 2.10　纵剖面三区段（源头区、转换区、沉积区）
（改绘自美国农业部的《河川廊道恢复手册》，2001）

al Zone）或下游区，所有的区段都有侵蚀、转换及沉积作用发生。在台湾头尾距离较短的河川，通常把源头区当做山区溪流，如果以行政管辖划分，通常从国有林内的溪流居多。

（二）集水区形式

集水区是指某区的水、泥沙及溶解物在河道某点有共同的出口，集水区的形式变化很复杂，和气候区、地理学、地形学、土壤及植物等因子都有关。

1. 排水型态

集水区的排水型态和整个集水区的地形地貌结构有关，许多排水河道的纵横交错构成不同排水型态。若依平面线型来看，可区分为树枝状（Dendritic）、平行状（Parallel）、交织状（Trellis）、矩形状（Rectangular）、辐射状（Radial）、环状（Annular）、多重盆地状（Multi-Basinal）、扭曲状（Contorted）等类型，其平面线型示意图可参考 Howard（1967）所绘制的图形，本处不做赘述。

2. 河川级别

自然河川的分类与序列方法是由 Horton 在 1945 年所提出的。陆续有人提出河川级别的分级方法，目前应用最广的是 Strahler 在 1957 年所提出的分类系统。

Strahler 的河川级别分类法将最上游的河道（例如源头河道无其它支流）视为第一级，第二级的河川接续在两条第一级河川之后，第三级的河川接续在两条第二级河川之后，依此类推。河川之间的交互关系并不会影响它们本身的级别（例如第四级的河川和第二级的河川交会后，仍然属于第四级；第二级河川与第一级河川交会之后，仍然是第二级河川），河川级别编号见图 2.11。

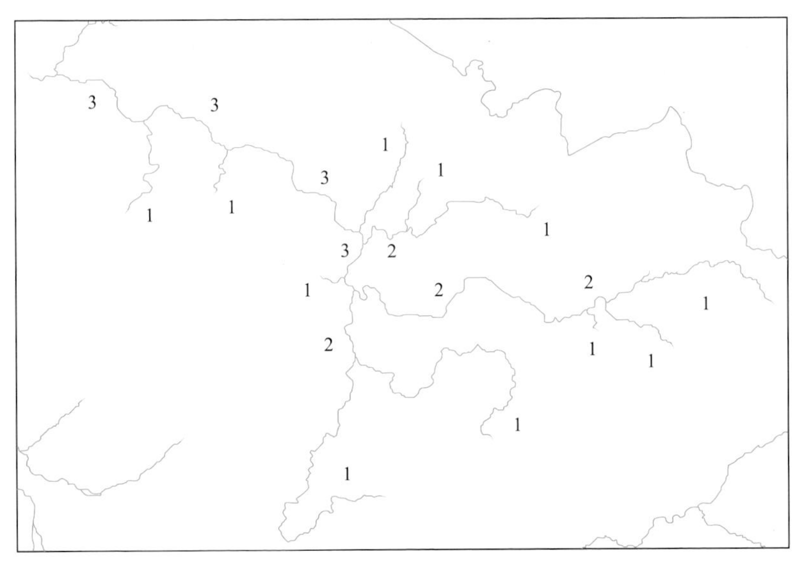

图 2.11 河川级别编号示意图

1～3—级别

（三）河道形式

河道的形式会因其位于纵向的某一区段而改变。河道形式有两项特征—线型（单或

多）和蜿蜒度。

1. 单线型和多线型的河川

单线型（单一河道）最为常见，但是地景中也有多线型的河川存在。多线型的河川多分为辫状（Braided）或脉状（Anastomosed）河川。

以下三种情形容易形成辫状河川：

（1）具有易侵蚀的边坡。

（2）含有大量粗颗粒的沉积物。

（3）快速并且频繁的干扰。

辫状河川一开始通常是由于河道中沉积物产生集中的现象，使流速降低或沉积量变大。集中的沉积物使水流分成两股，而当两侧断面的流速增大，边坡受到侵蚀，河道就会变宽，流速就会变慢。一旦流速变慢，河道中又会开始产生沉积物，周而复始的过程便会创造出越来越多的河道（见图 2.12 中兰阳溪的河道）。

图 2.12　辫状河川（兰阳溪）
（拍摄者：胡通哲）

对于地景来说，辫状河川的产生是自然的，植物和动物群落都能适应河道和河岸迅速的转变。但如果辫状过程受到干扰（自然干扰或人为干扰）影响过多、转变过大，大多数物种可能都难以适应。

脉状河川通常发生在比辫状河川更平缓的地区，河道也较窄且深（辫状河川的河道相对较宽且浅），边坡通常是细颗粒的粘质土壤，较不易受侵蚀。脉状河川发生在下游河川河床抬升时，造成沉积物快速堆积，当边坡较不易受侵蚀，原本的单线型河川就会溢流成为多线型河川。河川进入三角洲型的湖泊或湾潭时，多半会成为脉状。在冲积扇上，河川有可能变成辫状，也有可能变成脉状。

若边坡易受侵蚀，容易发展成辫状河川；若边坡不易受侵蚀，容易发展成脉状河川。

2. 蜿蜒度（Sinuosity）

自然河川通常不是直的，蜿蜒度是指河道的弯曲程度。河段蜿蜒度的计算是河道中心线的长度除以平面线型上两个波谷中心的长度（Valley Length）。如果河道的蜿蜒率大于1.3，这条河川就可视为具有蜿蜒型态的河川。

蜿蜒度与流量及坡度都有关，纵向的第一区段源头区、第二区段转换区的蜿蜒度通常为低至中等程度的蜿蜒，高度蜿蜒的河段通常发生在宽广且较平坦的第三区段沉积区。

（四）潭与滩

无论河道形式是什么，大部分河川都会出现交替且深浅不一的深潭（Pools）、滩区（Riffles），这两者都与随着河道蜿蜒的深槽线有关。深潭通常会出现在弯道的深槽线外侧，而滩区通常位于两个潭区之间，弯道的深槽线从一端变化到另一端时产生，见图 2.13。

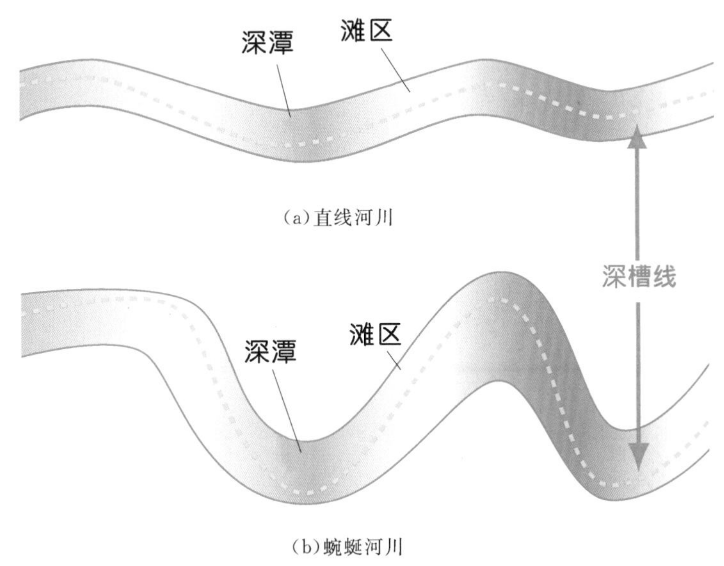

图 2.13 深潭与滩区在直线河川和蜿蜒河川中的顺序图

河床的构造对于深潭和滩区至关重要。砾石和卵石底床通常会形成规律的深潭和滩区，使河道在高能量的环境下保持稳定，通常滩区以粗颗粒的沉积物为主，而深潭则是细颗粒的沉积物较多。深潭间距或滩区的间距大约是满岸流量时河道宽度的 5～7 倍（Leopold 等，1964），坡度陡的河川可能会有深潭却不一定会有滩，深潭之间可能是阶梯式的。

（五）河川廊道沿岸植物

横向和纵向的植被对于河川廊道十分重要。纵向的第一区段（源头区）少有河滩地的存在，因为供水关系，生存在河滩地的植物群落发展会受到限制。有些峡谷型态的河道，外围的漫流高地均是陡峭的森林植物群落，这些植物群落可能会逼近河道并且有大片遮阴，仅留下河道上方少许的透光面。

许多位于源头区的植物群落为下游第二、三区段提供有机沉积物质。例如，源头区森林的枯倒树木是构成下游栖息地环境与食物链的重要来源（如美国西北太平洋岸的河川）（Maser 和 Sedell，1994）。在台湾，许多在河川源头区枯倒树木，由于坡陡流急且担心漂流木对下游水工构筑物产生损害，并未被刻意保留，是件可惜的事情。

纵向的第二区段（转换区）拥有较宽且复杂的河滩地和河道。河滩地的植被群落高程变化是依据土壤型态、洪水频率及土壤含水量而定，侵蚀和沉积也会增加植被群落的复杂度与多样性。转换区中，由于多为坡度较缓且尺寸较大的河川，比源头区容易从事农业活动，农业活动常会清除原生植物并缩窄河道，与自然演替互相冲突便在所难免。原生植物

被经济作物或住宅区取代，将导致河川的自然历程受影响，如洪水、侵蚀或沉积、有机质与沉积物的输入输出、河川栖息地的多样性及水质等都会受到重大影响。

第三区段（沉积区）的坡度较缓、沉积量较多、河滩地宽广且水量较大，所以植被群落型式也和上一区段不同。由于坡度平坦，所以大型的河滩地沼泽会长期存在，高生产力与多样化的生物群落，如洼地的阔叶林或硬木，会生长在很深且富含冲积土壤的河滩地。河道中流速较慢的地方有时也会有湿地与挺水、漂浮或沉水植物生长。

植被群落和生物多样性有关，因此修复植被群落是改善河川廊道的重要环节。

（六）河川连续性概念

河川连续性的概念可用来归纳和解释河川生态系统中的纵向改变（Vannote 等，1980）。这个概念模式不仅可定义出集水区、河滩地及河川系统之间的连续性，还可用来描述生物群落从源头到河口的发展与改变。河川连续性概念可应用于河段，也可以应用于大型集水区甚至地景尺度，这对于修复规划与执行者制定修复目标非常有帮助。

此概念假设河川级别第一级到第三级的源头河川都有滨溪林的覆盖。覆盖会抑制藻类、半浮游性植物及其它水生植物的生长，因为没有植物行光合作用产生能量，所以水生动植物只好依靠外来物质存活（例如河道外的树叶或枝芽）。生物群落只能依赖外部环境取得有机物，因此水源地河川通常都属于异养性（Heterotrophic），依靠周边集水区的能量，且因为有地下水补给，所以水温相对稳定，仅适合生存于特定温度范围的生物（例如某些低温才可存活的淡水鱼类），所以生物多样性便会降低。

河川第四级、第五级及第六级河道变宽，阳光入射量提高，平均水温也升高。初级产物（Primary Production）随着阳光量而增加，很多依靠河川自身的养分（河道内部物质）或植物的自养性便能生存（Minshall，1978）。此外，上游所产生的细小有机颗粒也能帮助自养（Autotrophy）与异养化过程达到平衡，无脊椎动物的丰富度会因为新的栖息地和食物来源（自生的与外来的）而增加，中型尺寸的河川温度会比较不稳定，温度的波动变大生物多样性便会提升。

大型河川和第七级到十二级河川的物理稳定性会提高，但是结构和生物功能会有重大改变。大型河川持续接收上游的溶解物与细小有机颗粒，依赖光合作用植物的初级产物数量会进一步增加，且常携带大量的粘土和细沙，增加河水的浑浊度，透光率下降，异养化过程便更显著。洪水事件、温度的波动强度与频率的影响都会降低，河川整体的物理稳定性会提升。稳定性强化了生物之间的交互关系（竞争与掠食行为），所以竞争力低的物种会消失，物种丰富度也因此降低。

由于河川连续性概念只能应用在常流型的河川，并没有考虑干扰与干扰所产生的影响，例如人为干扰可能截断集水区与河川的连续性。基于上述与其它原因，河川连续性概念尚未被国际普遍接纳（Statzer 和 higler，1985，Junk 等，1989）。但自 1980 年以来，河川连续性概念模式引发了许多相关的研究，具有一定的实用价值。

第三章　河川廊道特性与功能

本章将介绍河川廊道运作的基础历程与功能，并用比较具体的方式来加以描述。

在"水文与水力历程及特性"一节中，将介绍河川廊道中的水如何流动，这也是恢复的关键。水流的速度、流量的多少、水深及水流的时间都是恢复时非常重要的基本问题。

"地形空间历程及特性"则对基础水文过程的物理或地理功能及特性加以说明。包括河道、河滩地或漫流高地的土壤和冲积情形等影响河川的因子；泥沙的粒径与形状等与输沙量相关的因子。无论是积极恢复（直接的改变）或消极恢复（管理或移除干扰因子），想达到成功的不二法门就是充分了解河川发展过程中水和泥沙的特性与功能。

"物理和化学特性"中阐述了水质是恢复的首要目标，必须进行考虑，包含对物理特性、化学特性及相关土壤生态功能的介绍。

《生物族群特性》介绍了鱼类、野生动物、植物甚至人类都是恢复河川廊道时必须考虑的重要生物因子，典型的目标包括恢复、创造、改善或保护生物栖息地，而恢复成功的前提就是充分了解河川廊道的物理因子或化学因子对于生物的影响。

在"功能和动态平衡"一节中，介绍了河川廊道的六个主要功能：栖息地、通道、障碍、过滤、源头及渗透，河川廊道的生态系统是否健全，取决于这些功能是否运作良好。

一、水文与水力历程及特性

水文循环描述了降雨落到地面或是地下水形成径流/储蓄，最后经由蒸发、蒸散回到大气中的过程。降雨事件是大部分水文过程的重点，如果研究的河川发源于高山，就要考虑降雪的影响（在台湾降雪因素几乎可以忽略），湿度、气温、地形及地理位置之降雨频率，都与降雨型态有关系。降雨可能会回到大气中，亦有可能进入土壤中，或者成为地表径流，流入河川、湖泊、湿地或是其它水体。这三种情形在河川廊道中都扮演了十分重要的角色。在这一节中，将分别说明横向与纵向的水文和水力历程。

（一）河川廊道横向水文与水力历程

河川廊道横向的水文循环分成以下三部分：

（1）截流（Interception）、蒸散（Transpiration）、蒸发散（Evaportranspiration）。

（2）入渗、土壤含水量、地下水。

（3）径流。

1. 截流、蒸散、蒸发散

超过2/3的降雨，都会经由截流和蒸发散作用回到大气中。

（1）截流。有一部分的降雨在到达地面之前，被植物或其它自然、人为设施拦截住的行为称为截流。截流量依不同地表型态而不同。在植物覆盖的地区，截流量和植物的种类、叶片密度、枝芽密度以及枝干密度有关。

而森林地区会影响截流量的因子包括：

1）叶片形状。针叶树的针叶比阔叶树叶片更能够留住水滴，因为阔叶树叶片上的水会聚集而滴落。

①叶片质感：比较粗糙的叶片比较能够储存水滴。

②时间：叶片生长期间的截流量比较多。

③垂直和水平的密度：植被生物层次越多，就代表越少水分会落在地表。

④植物群落的年龄：有些植被会随着树龄增加而密度增加，有些则相反。

2）降雨的密度、历时及频率。降雨最先接触到树冠层并截流储存，再落下至枝干部分截流，重复着落下和储存的过程，最后在地表渗透或成为径流。

所有的截流最后都会蒸发，而蒸发的速率和原本空气的湿度有关，湿度越高则蒸发速率就越慢。在裸露地或岩石等很少有植物生长或根本没有植物的地方，降雨多半会成为径流。在城市中，虽然有排水系统，但是仍然有许多地方可储存截流，如平坦屋顶、停车场(透水性材质铺设)、道路的坑洞或裂缝等有粗糙表面的地方。

(2）蒸散和蒸发散。蒸散是水分由植物叶片回到大气的过程，这里所指的水分不是从降雨而来，而是由植物根部所吸收的。而蒸发散现象不仅在湖泊或池塘等大型水体发生，湿润的土壤也会有蒸发现象，但因土壤的毛细现象和渗透压，蒸发散过程会十分缓慢。蒸散和蒸发散通常合称为蒸发散现象，主导着水分平衡，并且同时影响土壤的湿度、地下水的补充及河川。蒸发散的重要概念如下：

1）如果受限于土壤情况，蒸发散的速率通常比较低。

2）当植物蒸散作用正常时，蒸发散的速率便会正常。

3）降雨和土壤型态，以及根系的特性都会影响蒸发散的速率。

2. 入渗、土壤含水量和地下水

降雨没有成为径流或被截流时，水分就会入渗到土壤中，或储存于土壤上层或是继续入渗到饱和区（Phreatic Zone)。

(1）入渗。仔细观察土壤的表面，就会发现不同大小的颗粒间有很多空隙，而植物根系腐坏或虫类活动也会产生许多空隙。水分会因为重力和毛细现象沿着空隙入渗，大空隙以重力影响居多，小空隙则以毛细现象为主。孔隙率（Porosity）是描述土壤颗粒间的空隙百分比。当所有空隙都充满水分时，称为土壤饱和。土壤的质地越粗，孔隙率越大；反之则越小。

入渗率是指在一定时间内，水分渗入土壤的速度。最大入渗量（Soil Infiltration Capacity）也就是土壤的入渗能力。降雨强度小于入渗能力时，入渗率就等于降雨强度；降雨强度超过入渗能力时，多出来的水会填满土壤表面的坑洞或变成地表径流。以下因素是影响土壤入渗率的重要因子：

1）土壤表面的通透度。

2）土壤保水能力（Storage Capacity)。

3）土壤间的流通率（Transmission Rate)。

大汉溪

有自然植被覆盖和落叶的地区，入渗率通常比较高，因为雨滴飞溅所带来的细颗粒会被植被阻隔而不会堵塞土壤表面的颗粒空隙。同时在这些地区还可提供昆虫的栖息地和躲避场所，有机质的存在也有助于细颗粒土壤粘聚在一起，孔隙率和入渗率也会随之增加。

一场降雨事件的入渗率不是从头到尾都相同，通常在刚开始下雨时入渗率比较高，但在达到饱和之后便会急剧降低。在稳定缓慢的状态之下，入渗率会在降雨 1～2 小时后达到顶点，其原因如下：

1）雨滴飞溅会打散土壤颗粒，产生的细颗粒会堵塞土壤空隙而影响入渗率和土壤的通透性。

2）水分填满细小空隙，空隙率降低。

3）湿润的粘土颗粒会膨胀因而影响空隙的大小，所以流通率会降低。

4）土壤原本的湿润度会影响之后的入渗率。

（2）土壤湿度（Soil Moisture）。降雨扣除重力排水后，土壤之所以会保持湿润是因为颗粒的表面张力和孔隙中会留住水分。饱和的水分在自然状况下经一段时间的重力排除，此时土壤的水分含量称为田间持水量（Field Capacity）。

土壤湿度是影响蒸发散量的重要因子。陆生植物多半依靠土壤中的水分存活，因为它们的根系会从孔隙中吸取水分，使得土壤湿度可能会低于田间持水量。如果土壤湿度不足，根系最后就会因为无法产生动力吸收孔隙的水，而到达永久凋萎点（Permanent Wilting Point）。

（3）地下水（Groundwater）。孔隙的大小和数量也会影响水分在土壤中的运动，重力使水分垂直向下运动，特别容易发生在大的孔隙中。而孔隙会因为粘土颗粒变大或是被粘土颗粒填满而变小，此时毛细作用就会取代重力作用。

水分会继续向下移动到达地下水层或饱和含水层，这时的最上层称为地下水位（Groundwater Table）或饱和表面。地下水位的上面称为毛细边缘（Capillary Fringe），因为此区的孔隙中充满了毛细作用水。

如果土壤颗粒小的话，像是粘土或沙土，毛细作用会非常旺盛，毛细边缘会离地下水位较远。反之，如果是砂岩或是土壤孔隙大，毛细作用就很弱，毛细边缘会离地下水位很近。

毛细边缘和土壤表面之间的空间称为未饱和层（Vadose Zone）或通气层（Zone of Aeration）。未饱和层中含有空气、微生物所产生的气体、毛细管水及重力水。

如果地下水层能够通过抽水井供应充足的水量，就称为含水层（aquifer）。好的含水层在横向纵向都拥有足够的空间与良好的孔隙率，所以能提供水分充足的储水空间和通透性。

含水层相反的是滞水层（Aquitard），其透水性极低。垂直水流运动经常受阻于滞水层；如果滞水层上面没有承压层，就称为不承压含水层（Unconfined Aquifer），反之则称为承压（Confined）含水层。自喷井会设在承压含水层，因为承压含水层的压力大于大气压力，而一般的井（不含自喷井）通常从不承压含水层中取水，且井水位与地下水位同高。

进行河川廊道恢复时必须注意地下水和地面水的交界位置。水可以与透水层自由流通

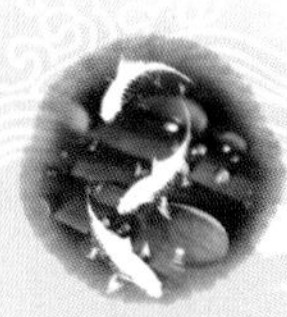

的地区称为补给区（Recharge Area）。水面和土壤表面或是河川和地下水相接的地区，会有泉水涌出，地下水的水量和地下水位的高程取决于地下水的补给量，河川的功能也会随着是否有地下水补给而有所不同。

3. 径流

当降雨量超过土壤入渗率时，多出的水会在地表蓄积成为径流并顺着坡度汇流而下。影响径流的因子有很多，包括气候、地理、地形、土壤特征及植被。

以下将讨论三种基本的径流形式：地面流（Overland Flow）；壤中流（Subsurface Flow）；饱和地面流（Saturated Overland Flow）。

（1）地面流。当降雨速率超过入渗率，水会集中储存在土壤表面的低洼处，称为低洼储存量，其最终仍旧会通过蒸发回到大气中或是渗入土壤。低洼储存满了之后，多余的水会顺着坡度往下形成地面径流。

水沿着坡面向下流的过程中，流速和水深会随之增加。流动的时候，部分的地面流会受到小山坡的阻碍，称为地表滞留（Surface Detention）。地表滞留与上述低洼储存量不同之处在于地表滞留最终仍会回到河川中，成为总径流量的一部分。

地面流通常发生在城市或近郊等设置了不透水下垫面的地方，或是在植被稀少的地区，如干燥的山区。

（2）壤中流。不同的水头状况会影响土壤中的水分流动，因为不同的流体水压所产生的水位能也有所差异。例如，降雨之前的地下水位呈现抛物线形，水流向下进入河道，这部分属于基流（Base Flow），且水面以下的土壤都是饱和状态。除非斜坡的土壤特殊，否则表土的湿润程度会随着与河川距离渐远而递减。

降雨时，最靠近河川的土壤和上游土壤在两方面有区别：一是湿度较高；二是距离地下水位距离较近。这两项特点使得地下水位在降雨入渗时会迅速抬升。随着降雨而变动的地下水，亦称为壤中流。

在某些情况下，因为中间隔着不透水层，而使得入渗的雨水无法到达含水层。此时，壤中流便无法和基流汇合，不过仍然会补充河川中的流量。

（3）饱和地面流。若降雨持续增加，地下水位的坡度会越来越陡并接近河川，最终地下水位的高度会高于河道高程。除此之外，地下水会突破土壤表面，进入河道成为地面流的型态，称为快速回流（Quick Return Flow）。

地下水位以下的土壤都是饱和的，达到最大入渗率时，所有的降雨量都会成为地面流，地面流和快速回流统称为饱和地面流。如果继续降雨，饱和区就会延伸到河道边坡，因快速回流和壤中流几乎与地面流相连，因此全部都被当做地表水中地面径流的一部分。

（二）河川廊道纵向水文与水力历程

河川中的水量是由直接降雨和河道边坡的侧向水流组成的。侧向水流的水量和流入时间会直接影响河川中的水量，而河川流量也同时会影响河川廊道的生态功能。

以时间尺度而言，虽然有历史气候记录，但用以作为判定地理年代的依据仍然有所欠缺，因此要在大尺度上预测干湿年是很困难的。虽然有时候影响因子很复杂，但河川的季节性变化是可预测的。

河川流量的变化会直接影响到河川中的生物与非生物，也影响了河川生态系统的动态与结构（Covich，1993）。高流量不仅对沉积物运移相当重要，同时对河滩地、湿地和河道的连接也相当重要。因为河滩地不仅是鱼类产卵和躲避天敌的场所，同时也是重要的水鸟饲育区。而低流量时，创造一个可让动物移动散布的空间，对于维持其族群的数量十分重要。

一般而言，生活在水边的生物需要不同流况与栖息地型态才能完成一个完整的生命周期。因为生物对于环境变化有适应力，所以在面临洪水或严重干旱时，或栖息地受破坏或栖息地元素发生巨大变化的情况下，生物才能够生存下来。

二、地形空间历程及特性

地形学是研究地球表面型态和发展过程的一门学问，河川的地形空间发展历程则可称为河流形态学，上一节所讨论的水力过程是地形改变的动力，地形的发展过程则是形成地表径流、河道、河滩地、台地、其它集水区及河川廊道等地形特征的主要机制。地形的发展过程中与水相关的因素有三种—侵蚀、输沙、沉积。

（一）河川廊道横向地形历程

侵蚀过程的事件、强度及扰动都会影响集水区内的沉积物和河川廊道的水质。

土壤侵蚀可能是长时间的，也可能是周期性的或偶然的，甚至是季节性或伴随着某些降雨事件同时发生。土壤侵蚀有的是天然发生的，也有的是人为影响，并不是一个单纯的过程，因为土壤的状态会随着温度、湿度、植物成长阶段、植被量及人为的土地使用发展或农耕而有所不同。

（二）河川廊道纵向地形历程

河道、河滩地、台地及其它河川廊道的特征都是由水流的侵蚀搬运和堆积作用塑造出来的。下面将介绍沉积物运移的过程，以及河道和河滩地是如何随时间推移而改变的。

1. 输沙

沉积物颗粒大小不一，巨砾或巨石（Boulder）最大，粘土颗粒最小，而颗粒的密度须依尺寸和组合而定。依据河川的搬运能力（Stream Competence），所有尺寸的颗粒都有可能移动，但如果要使大颗粒移动就需要流速高的水流。与河川搬运能力密切相关的是河川的拖曳力（Tractive Stress），它的抬升力和拉力会影响河川的河床与边坡。拖曳力一般称为扫流力或剪应力，会根据水深和坡度而改变。根据密度、形状及表面粗糙度，越大的颗粒需要越大的剪应力才能推动。

当快速的水流越过慢速的水流时，形成的剪应力会产生推动河床颗粒（泥沙）的能量。速度梯度（Velocity Gradient）是因为粗糙的河床使流速减慢，造成表面流速大于底部流速。

当快速水流的动量传输到河床时，会卷动水底形成旋涡，所产生的剪应力也一并带起河床颗粒流向下游。河道底部的颗粒刚开始是以滚动模式沿着水流方向运移；而有些颗粒则以跳跃的模式在底床上运动，造成相互起起落落的碰撞。

滚动、滑动及跃移是颗粒运动时接触河床的频率以及不同运动颗粒（推移质）的特征。颗粒重量和流速之间的关系与河床有着密不可分的关联。越细的颗粒越容易受到扰动，这些会随着水流而移动的颗粒就称为悬浮质。只要有扰动持续存在，沉积物和悬浮质就会在河床中持续转换两种角色。部分悬浮质会和粘土结合，因此可能长期保持悬浮状态（依据粘土的型态和水的化学性质而定）。

2. 输沙相关名词

常用的名词阐释见表 3.1。

表 3.1　　沉积物种类

<table>
<tr><th rowspan="2">总含沙量</th><th colspan="2">分类系统</th></tr>
<tr><th>以运移机制分类</th><th>以颗粒大小分类</th></tr>
<tr><td>冲泻质</td><td rowspan="2">悬浮质</td><td>冲泻质</td></tr>
<tr><td>悬浮推移质</td><td rowspan="2">推移质</td></tr>
<tr><td>推移质</td><td>推移质</td></tr>
</table>

（1）含沙量（Sediment Load）：一段时间（通常是一天或一年内）河川中所含带的沉积量。泥沙流量（Sediment Discharge）则是指单位时间内，经过一个断面的泥沙量。含沙量的单位通常以吨（t）表示；含沙量则以吨/天（t/d）为单位，全部的含沙量称为总含沙量（Total Sediment Load）。

（2）床沙质（Bed－material Load）：总含沙量的一部分，颗粒和河床沉积物的颗粒一样大。

（3）推移质（Bed Load）：总含沙量的一部分，在河床上面或附近跃移、旋转或滑动。

（4）悬浮推移质（Suspended Bed Material Load）：床沙质的一部分，悬浮在水中。床沙质等于悬浮推移质加上推移质。

（5）冲泻质（Wash Load）：总含沙量的一部分，颗粒比底床颗粒细。

（6）悬浮质（Suspended Load）或悬浮泥沙流量（Suspended Sediment Discharge）：总含沙量的一部分，由于扰流而在水体中悬浮移动。

3. 河川能力（Stream Power）

河川最主要的任务之一就是把颗粒运出集水区。根据该观点，河川的功能就是搬运，因此河川能力就可用产量来推算其效率。

河川能力可用下列公式计算：

$$\varphi = \gamma QS$$

式中　φ——河川能力，N/s；

γ——水的比重，N/m^3；

Q——流量，m^3/s；

S——坡度。

沉积物的运移率和河川能力直接相关，例如坡度和流量。越蜿蜒的河川，其搬运能力越差，沉积运移能力（Sediment－transport Capacity）也有限。水深越深、水流平直且坡度渐增的河川，沉积运移能力也会渐增。

4. 河川和河滩地稳定

在修复方案进行时常常会有人提出以下问题："这条河川现在稳定吗？进行改善之后会不会达到稳定呢?"。这个问题就像是电影才放映了几幕，但你却已经在问别人观感如何。虽然常以一些参考的时间点来看这条河川，但是更重要的是需要对河川进行长期的监测，以了解它的长期演变和发展趋势，进而讨论河川的稳定与否。

要达到河川稳定，平均剪应力必须维持河床和边坡的稳定。每个断面的粒径分布也必须保持均衡，也就是新的颗粒大小至少跟可被临界剪应力带走的颗粒大小相当。

Yang (1971) 提出运用热力学第二定律的熵 (Entropy) 概念，以 Leopold 的理论为基础，发展了平均河川落差与最低能量支出理论。这些理论假设在平衡状态下，自然河川会选择需要花费最少能量的流况，来达到平衡。

5. 廊道调整

河道和河滩地随时根据水流和沉积物不断地调整。恢复受损河川的成功关键在于了解整个集水区的历史，包括自然事件和土地使用以及河道的演替过程。

河道中水和沉积物的改变可能发生于任何不同的时间与地点，且需要的能量也不同；流量和含沙量每天的变化都会改变底床的型态和粗糙度。河川偶尔也会配合特殊高低流量作调整，例如洪水发生时，并不只具备刮除植被生物的破坏力，也会创造甚至开发河川廊道沿岸的植被生物潜力。

类似的调整可能还有河川廊道与上游集水区土地使用的改变。同样，自然状态下径流或沉积量长期地改变，如气候变迁、火灾或是人为活动的农耕、过度放牧、乡村到城市的转变等，都是影响河道长期演替变动的原因。

目前已经有许多针对河道演替的研究 (例如 Lane，1955；Schumm，1977)。如前所述，最早讨论河川型态的是 Lane (1955)，列出了平均年流量 Q_w 和河道坡度 (S) 以及底床质含沙量 (Q_s) 和底床颗粒的中值粒径 D_{50} 的关系式，亦即底床质含沙量 Q_s 与底床颗粒的中值粒径 D_{50} 的乘积正比于 (～) 平均年流量 Q_w 与河道坡度 S 的乘积：

$$Q_s D_{50} \sim Q_w S$$

Lane 的关系式假设含沙量和底床质尺寸改变时，流量和河道坡度会随之调整以维持河道的动态平衡。正所谓牵一发动全身，改变了一项东西就有可能带来单一或一连串的改变，整个生态系统会持续变动直到动态平衡重新建立为止。

针对冲积型的河川，另有一量化关系存在。Schumm (1977) 假设宽度 (b)、深度 (d) 和蜿蜒波长 (L) 成正比，而河道坡度 S 和流量 Q_w 成反比，公式如下：

$$Q_w \sim \frac{b,d,L}{S}$$

Schumm (1977) 同时假设在沉积型河川中，宽度 (b)、蜿蜒波长 (L) 和河道坡度 (S) 成正比，深度 (d)、蜿蜒度 (P) 和沉积量 (Q_s) 成反比，公式如下：

$$Q_s \sim \frac{b,L,S}{d,P}$$

以上两个方程式可改写为预测河道特征改变的公式，如河川沉积量有无增减。若为正号代表增加，而负号代表减少：

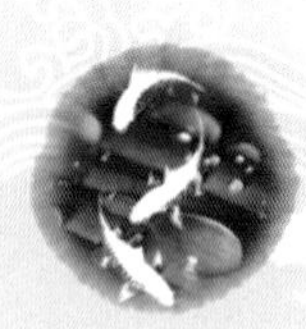

$$Q_w^+ \sim b^+, d^+, L^+, S^-$$
$$Q_w^- \sim b^-, d^-, L^-, S^+$$
$$Q_s^+ \sim b^+, d^-, L^+, S^+, P^-$$
$$Q_s^- \sim b^-, d^+, L^-, S^-, P^+$$

综合以上四个方程式可改写成以下关系式：

$$Q_w^+ Q_s^+ \sim b^+, d^{+/-}, L^+, S^{+/-}, P^-$$
$$Q_w^- Q_s^- \sim b^-, d^{+/-}, L^-, S^{+/-}, P^+$$
$$Q_w^+ Q_s^- \sim b^{+/-}, d^+, L^{+/-}, S^-, P^+$$
$$Q_w^- Q_s^+ \sim b^{+/-}, d^-, L^{+/-}, S^+, P^-$$

例如流量 Q_w 与沉积量 Q_s 皆增加（+），则河川的宽度 b 可能增加（+），蜿蜒波长 L 可能增加（+），蜿蜒度 P 可能减少（−），而河道坡度 S 与深度 d 有可能增加亦可能减少（+/−）。

6. 河道坡度

河道坡度指的是河川纵向剖面两点间的高差除以间距。当考虑进行河道调整时，坡度是设计时一项非常关键的信息。河道坡度直接影响流速与河川能力，也是地形成型（侵蚀、沉积物运移及堆积）的动力和控制因子。

如之前所讨论过的动态平衡，河川会调整自己的纵剖面或是型态，使需要花费的能量或河川能力降到最少。为了满足河川最低能量理论，最低能量消耗率理论可用下列公式阐述：

$$\frac{\mathrm{d}P}{\mathrm{d}x} = \gamma Q \frac{\mathrm{d}S}{\mathrm{d}x} + \gamma S \frac{\mathrm{d}Q}{\mathrm{d}x} = 0$$

式中 P——河川能力（γQS）；

x——纵向距离；

Q——流量；

S——水面坡降或能量坡降；

γ——水的比重。

河川能力可视为流量和坡度的产物。当流量向下游渐增时，坡度就必须减缓以减少河川能量支出，而下游坡度的减缓就会造成上游剖面成为凹型（Concaveup Longitudinal Profile）。

河段蜿蜒度的计算是河道中心线的长度除以平面线型上两个波谷中心的长度。例如，如果一条河川 AB 两点间的长度是 2200m，而 AB 两点间的两个波谷中心的长度距离是 1000m，则这条河川的蜿蜒度就是 2.2。

7. 潭和滩

纵剖面很少是固定不变的，不同的植被状态或是人为干扰都可能导致更平缓或是更陡峭的剖面出现。滩区发生在河川底层比邻近上下游相对较高的位置，而潭就是相对较低的水域。在平常水流状态下，潭的流速较缓所以细颗粒会沉淀，而由于滩区和潭之间的坡度增加，所以滩区的流速较快。

8. 纵剖面调整

纵剖面调整最常见的例子就是河中建坝，坝的典型影响就是下游会刷深，上游会抬升。无论多么复杂的状况都可运用 Lane 关系式加以解释，对于下游河段，坝会降低洪峰流量和沙源补充量，依据 Lane 关系式，流量若减少坡度可能随之增加，而沉积物减少也会使得坡度降低。比较复杂的情况是，若河床有保护层（Armoring）作用出现，泥沙粒径增加，坡度同时也会增加。这些纵剖面调整的影响不仅仅发生在河道主流，在支流也会发生冲刷或沉积。

9. 河道横断面

不稳定的冲积型河川，任一河岸的最高点就代表满岸流量时的顶点。河道的横断面必须包含可定义出河道占两岸河滩地比例的“点”，故建议小型的河川廊道，河岸的最高点到河道之间至少一个河道宽，而大型河川的河川廊道至少要有足够的河滩地（宽度建议比小型河川大），以清楚定义出河道与周遭的关系。

10. 水流阻力和流速

坡度是影响流速的重要元素，而流速是用来帮助预测断面的过水量。当流量增加时，不管是流速或过水面积都会随之增大。

粗糙度在河川中扮演了一个很重要的角色，其直接影响了水深和流况。当流速变慢时，水深就会变深，以保持相同的流量（也就是水流连续性的概念）。河川的典型粗糙度包含：

（1）不同尺寸的沉积颗粒。

（2）河床型态。

（3）不规则边坡。

（4）有生命或无生命的植物型态、数量及分布。

（5）其它障碍物。

一般来说，颗粒越大，粗糙度也就越大；河川中沉积物的形状和尺寸也会提升粗糙度。以沙质河床的河川为例，可以很清楚地看到河床粗糙度和流量改变息息相关。流量非常低的时候，河床上只有小涟漪；而当流量增加，河床上就会有沙丘出现。每当河床增加粗糙度，流速就会减缓。

粗糙度增加时水深也会变深。如果流量持续增加，流速就会带动河床沙砾产生变动，直到全部河床重新平缓为止。此时的水深可能会因为河床粗糙度减低而比较浅；如果流量持续增加，河床有可能出现反向沙丘（Antidunes），而反向沙丘产生的摩擦力会使得水深增加。沙质河床河川固定流量下的水深，取决于流量所造成的河床状态。

植被同样有可能增加粗糙度。如果河岸属于粘性土壤，植被通常就是最主要的粗糙度。河川廊道的水文地形状态，是影响植被型态和分布的主要元素，而植被除了增加粗糙度之外，也能改善河川的水文地形和整体的河川环境。

蜿蜒河川相对于顺直河川，水流的阻力较大。蜿蜒河川和顺直河川有着不同的流速分布。在河川的直线段，靠近河道中央表面以下的地方流速最快，水流阻力最小；而在河川的蜿蜒段，由于有转弯的动力，所以外侧流速最快。蜿蜒河川的流速分布也和蜿蜒段的侵蚀与堆积作用有关。侵蚀作用发生在转弯外侧处，因为此处流速快，也称为冲刷岸坡

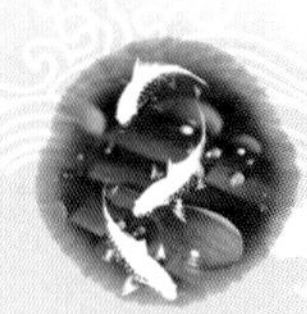

(Cutbank)，至于因流速慢而产生的堆积处，称为堆积坡（Slip - off Slope）。

水流在蜿蜒处转弯的动力使外侧高度增加，并且创造了二次流（Secondary Current of Flow），其流经潭底后再向堆积坡流去，这循环的水流称为螺旋流（Helical Flow）。了解顺直河川和蜿蜒河川的流速分布，对于设计河川廊道恢复方案十分重要，因为最快的流速会产生河川动力，而对易受干扰的河岸进行持续保护工作，是恢复方案需要考虑的重点。

当水流经过弯道，深潭底部的水和碎石都会被漩涡带到表面，滩区不像深潭那样深，所以会发生更多的扰流，这些扰流可增加水中溶氧量，同时也有可能加快水中某些化学过程的作用。

粗糙度的另外一项重要功能就是创造生物栖息地。例如，冲刷岸坡的底部水深通常最深，因此所造成的孔洞或深潭栖息地，便和堆积坡的栖息地截然不同。

11. 动态河道与河滩地

河滩地是由横向与纵向的冲积过程所形成。其中横向的冲积作用指泥沙累积在河川弯道内侧的河曲沙洲或堆积坡，而在河川弯道的外侧容易发生侵蚀，其沙洲多为粗颗粒，此自然过程使河川横断面维持运送集水区的沙与水的功能；而垂直向的冲积就是泥沙沉积在洪水过后的表面，这些沉积物颗粒通常比沙洲的颗粒小。纵向的沉积通常发生在已有横向沉积的沙洲上，且横向沉积是主要的过程，其通常占河滩地总冲积量的60%～80%(Leopold 等，1964)，显示出蜿蜒河川的横向位移是一个非常重要的自然过程，扮演着重塑河滩地的重要角色。

三、物理和化学特性

无论以改善或是维持的模式进行恢复，水质可能是恢复方案的首要目标。因为即使河川廊道的流况和地形都非常良好，但是物理和化学特性不佳，仍然无法确定生态系统是否健康。例如，如果一条河川高温、低溶氧、含有大量高浓度的有毒物质，或其它物理化学特性不佳，便无法支持一个健康的河川廊道。相反地，一条情况不佳的河川廊道如河岸缺乏遮阴、侵蚀严重、养分过多及好氧废弃物多，也会导致河川的物理化学特性欠佳。

本节同样以横向与纵向的物理与化学特性进行讨论。横向主要以集水区对于水质的影响（特别是滨溪地区）作为探讨内容，而纵向则是以河川运移时对于水质的影响进行讨论。

（一）物理特性

1. 泥沙

上一节已讨论过总含沙量在河川塑形过程中与地形学中的角色，以悬浮质在水质中所扮演的角色最为关键。沉积的来源通常是因为侵蚀而将土壤的颗粒带入水中，包括细粘土、沙及卵石等。

对于任何一条河川来说，虽然沉积和运移的发生是自然现象，但是沉积量和颗粒大小仍然有可能带来负面影响。细颗粒可以对水域族群带来巨大、严重的改变，像是阻碍或磨损鱼类的鳃、使河床上的鱼卵或是水昆幼虫窒息以及堵塞底部卵石之间鱼类产卵的孔洞。

同时沉积也会影响水质的清澈，使观赏游憩的价值降低，且养分和毒性化学物质也可能随着土壤颗粒进入水体而产生污染。

关于细颗粒对于产卵栖息地的严重影响已有许多前人的研究可参考（例如 Cooper，1965，Chapman，1988）。细颗粒侵入河床会减少通透性并使砾石间的流速减慢，所以水中的氧气不足以满足鱼类存活需求，也没有办法把代谢的产物带走。极细的颗粒会影响正在孵化的卵，使其窒息；也有可能把鱼苗或小鱼埋没，使其死亡。目前有一种沉积物侵入的模式，可预测鳟鱼产卵区的沉积和溶解氧状况（Alonso 等，1996）。

耕地、工地、伐木区、城市区及矿区的颗粒会因降雨的冲蚀或冲洗进入水体，而边坡的侵蚀也会将颗粒带入水体，因此河川中的沉积物能反映出集水区的冲蚀状态。

从水质的观点来看，控制细颗粒量对于鱼类栖息地恢复是一项很重要的课题。恢复方案对于控制集水区中的沉积量和相关受污染泥沙流入河川的效果非常重要，从减少源头侵蚀到防止边坡冲蚀的沉积物进入水体等皆属该研究范围之内。

2. 水温

从水质观点来看，水温成为一项很重要的恢复因子，原因如下：

(1) 好氧污物会随着水温升高而增加耗氧，因此若水温升高则溶解氧量将降低。

(2) 温度掌控了许多水栖生物的生物与物理机制，水温升高会提升食物链中的新陈代谢率和再生率。

(3) 许多水域生物只能在某些条件下生存，因此河川最高温和最低温的变动可能会对生物组成产生重大的影响。

(4) 温度也会影响很多化学机制，如再曝气率（Reaeration Rate）、吸附率及挥发率。且溶解氧是影响生物活性的最大原因，因此温度升高会有产生毒性物质的压力。

（二）化学特性

前一节已经讨论过水文循环中的物理特性，当降雨渗入地下水或是成为地面流，最终汇集至河川流入大海，循环过程中同时进行蒸散作用，在此过程中，水体的化学性质也会随之改变。在空气中，水和大气中的气体保持平衡；在浅层土壤中，有机物与无机物和土壤气体的化学交换持续进行；在地下水中，交换的时间更长，也有更多机会让无机物溶解。类似的化学反应在河川廊道中持续进行。而水在任何地方都会和接触到的东西产生互动，例如空气、石头、细菌、植物及鱼类等，当然也会受人为干扰的影响。

水中常见的溶解物包括：氧、碳、氮、磷、硫，还有少量的其它元素。以铁（Fe）为例，是动物和植物新陈代谢的必要元素。在水生生态系统中，三价铁（Fe^{3+}）是比较容易氧化的，并且很难溶解于水中；二价铁（Fe^{2+}）较容易溶解于各级作用过程中。

固态溶解物（Dissolved Solids）的浓度从原始山林河川的 $10\times10^4\sim20\times10^4$ ppm，到大部分河川的几百 ppm 都有，甚至干旱地区集水区的固态溶解物或悬浮固体浓度还有可能达到 1000ppm。公众饮用水的固态溶解物浓度标准为 500ppm 以下，但是很多地区都超过了这个标准。有些作物如果树或豆类对于盐度十分敏感，但棉花、大麦等农作物则能忍受高浓度的盐分。农业灌溉用水注入河川很可能会使河川盐分浓度增加。植物、鱼类及其它水域生物对于固态溶解物浓度的忍受程度都不一样，大部分都会有最高忍受值，而仅有极少生物可在恶劣状态下生存。

1. 酸碱度、碱度和酸度

水的酸碱度对于生物和化学反应而言是一项十分重要的特性。水的酸碱性由 pH 值来量化：pH 值 7 为中性、小于 5 为酸性、大于 9 为碱性。很多生物作用如繁殖行为，在酸性或碱性的水中是无法进行的，特别是水域生物在低 pH 值的水环境下很可能会产生渗透压失衡，而快速的 pH 值变化同样也会产生压力。酸性环境同样也会使污染问题加剧，导致河川中毒性化合物的囤积。

2. 溶解氧

溶解氧是一个衡量水域生态系统健康的基本指标，大部分的鱼类和水栖昆虫都依靠呼吸水中的氧气存活。鲤鱼和红虫可适应低溶解氧的环境，但是大多数鱼类，如鲑鳟类，就不能在溶解氧低于 $3\sim4\times10^{-6}$ 的环境下存活。仔鱼对于溶解氧更加敏感，需要更高的溶解氧才能生存（USEPA，1997）。

虽然大多数鱼类和水域生物可忍受短期的低溶解氧环境，但水中溶解氧长时间低于 2ppm 的水体通常称为死水。长期的低溶解氧状态会让成鱼窒息，降低仔鱼孵化与存活率，或是因为食物来源（水栖昆虫也因为低溶解氧而死亡）的缺乏而饿死。低溶解氧同时有助于厌氧性细菌的生长，释出有毒气体和恶臭污染水体。

水直接吸收大气中通过植物进行光合作用而来的氧气，而水温和水中盐度会影响溶解氧的能力。水生植物、动物及微生物会吸收水中氧气，浅水、大面积与空气接触的流动水以及未受干扰的河川中通常具有高溶解氧。然而，大量好氧废弃物和腐败的植物分解所带来的过多养分，都会造成氧的减少。

3. 养分

水生植物（包括藻类和更高等的植物）除了需要二氧化碳（CO_2）和水，还需要其它元素来支持身体架构和新陈代谢。陆生植物所需的最重要元素是氮和磷，而其它养分，如钾（Potassium）、硒（Selenium）、硅（Silica）等并非生长的必要元素，则属微量元素。如果缺乏这些化学元素，植物生长也会受限，所以这也是河川管理计划中必须考虑的。

虽然，不论在河川中或是集水区内，植物的数量是食物链的重要环节。但对于水域生物而言，藻类或其它水生植物过多，在非光合作用期水中溶解氧被植物吸收，或氧气被死亡植物分解所耗尽，都是减少水体中溶氧。

磷可呈颗粒状与水溶分子状态，有机磷与无机磷同时存在于水中。有机磷包含有生命和无生命的微粒物质，像是浮游动植物和生物碎屑；无机磷则包含磷的沉淀物和磷所吸附的物质。溶解的有机磷包含有机和胶体磷化合物。可溶解的无机磷形式如下：$H_2PO_4^-$、HPO_4^{2-} 和 PO_4^{3-}，统称为 SRP（Soluble Reactive Phosphorus），可被植物吸收。水生植物需要不同含量的氮和磷。就光合植物而言，细胞内每毫克的叶绿素中含有 0.5～2.0μg 的磷和 7～10μg 的氮。由此可清楚知道氮和磷的比率范围在 5～20 之间（依据不同个体特性而定），才足以提供植物生长所需的氮和磷。过多的氮和磷，植物也无法利用。

在水域环境中，氮以多种型态存在：溶解的氮气（N_2）、氨氮（NH_3）、铵离子（NH_4^+）、亚硝酸盐（NO_2^-）、硝酸盐（NO_3^-）和颗粒状或液态的有机氮。氮对于水质的直接影响，以铵离子、亚硝酸盐及硝酸盐最大，颗粒状和液态的有机氮不能被植物直接利用，所以短期内并不是很重要。

大气中79%是氮气，所以氮通常不是影响植物生长的主要因子。自然界中仅有部分生物可直接利用大气中的氮气（如某些细菌和蓝绿藻），大部分的植物只能利用氨、铵离子或硝酸盐形式的氮。水生植物生长受磷的影响比氮多，因为磷酸根（PO_4^{3-}）不易和水中的元素结合，且磷通常吸附在粘土或其它颗粒的离子表面，容易被水携带，导致水中没有足够的磷支持植物生长。

4. 毒性有机化合物

毒性有机化合物（Toxic Organic Chemicals，简称TOC）通常和碳结合，如多氯联苯（PCB_S）和多数的杀虫剂与杀草剂，这类化合物都不易在自然生态系统中快速分解，会长期甚至永远留存于环境之中。在美国，有些毒性很强的化合物，如DDT和多氯联苯，已被禁止使用。毒性有机化合物所产生的会导致动物或人类中毒的污染，是恢复方案中的首要考虑内容。

（1）河川廊道横向毒性有机化合物。毒性有机化合物TOC可通过点源或非点源污染进入水体，然而大部分河川的TOC污染问题都是因非点源污染、河川与沉积底泥的循环、非法倾倒或是意外排放所产生。非点源污染有两个主要的来源：①在农业、造林或郊区草坪使用杀虫剂和杀草剂；②径流流经具有潜在污染性的城市与工业区土地。

毒性有机化合物从集水区地表进入水体的过程，大部分依据化合物本身的特性而定。而与土壤颗粒吸附紧密的污染物便会随着冲蚀颗粒进行传递，特别是在城市地区，其地表多半不透水，因此可溶于水中的毒性有机化合物便会直接随水运移，从源头管理是最有效的管控策略。

（2）河川廊道纵向毒性有机化合物。综观地球上的所有元素可以发现，碳是最独特的元素，无论其形态为长链型、环类或螺旋状都可以无限制地与稳定的共价键结合，且碳分子还可携带不同种类的碳链结构物并调节许多化学反应。

化学工业运用有机化合物生产的商品，如塑胶、涂料、染料、燃料、杀虫剂及药物等生活必需品，这些产物及其相关的废弃物都会影响水域生态系统的健康。了解水环境中合成有机化合物（Synthetic Organic Compounds，简称SOC）的过程与结果是一项挑战，但只有通过全面的了解才能掌控河川廊道中的化学物质。

1）吸附（Sorption）。1940年，一家新兴的药厂想要发展一种可通过消化液、血液及细胞膜的药（在某种程度上是属于非极性的），因此发展了一个可量化出药品属于极性或非极性的参数，称为水—辛烷（Octanol - Water）分隔系数（K_{OW}）。将水和辛烷放入一个试管中，加入有机化合物使其反应后再摇匀，过了一段时间，水和辛烷会分开，因此有机混合物的浓度就可分别测出。K_{OW}定义如下式：

$$K_{OW}=\frac{\text{在辛烷中的浓度}}{\text{在水中的浓度}}$$

一般而言，不可溶的化合物，如DDT和PCB_S的K_{OW}值会相当高；而相对来说，有机酸和低剂量的有机溶剂，因其很容易溶解，所以K_{OW}值就很低。

运用类似K_{OW}系数的概念，可了解水和泥沙间的合成有机化合物分布现象，泥沙—水的分布系数通常用K_d值表示，来评估其平衡程度。吸附系数K_d定义如下式：

$$K_d = \frac{\text{吸附在泥沙中的浓度}}{\text{在水中的浓度}}$$

2）挥发（Volatilization）。有机物和水靠挥发作用在空气中分离，而水和空气共存的系数为亨利定律的常数 H（Henry's Law Constant），如下式：

$$H = \frac{\text{空气中的合成有机化合物浓度}}{\text{水中的合成有机化合物浓度}}$$

合成有机化合物的亨利定律常数，可定义为化合物的挥发率除以此化合物的水溶率。而有机化合物天生就很容易挥发，所以亨利定律常数通常很高，即使是挥发率很低的有机化合物，如 DDT 和 PCB_S，亨利定律常数也属于中等，仍然可挥发至大气中，且这些合成有机化合物的吸附系数值同样很高，因此也有可能和颗粒结合飘散在大气中。

3）降解（Degradation）。合成有机化合物可转换成很多型式的降解产物，这些产物会自己降解，最终降解成二氧化碳，其主要的转换程序包括光解（Photolysis）、水解（Hydrolysis）及氧化还原（Oxidation－reduction）反应。

光解，顾名思义就是由光的能量所贡献的。光的能量随着波长而改变，长波长的光能量并不足以让化学键断裂，而短波长的光如 χ 射线和 α 射线能量就非常大，幸运的是地球上这种放射线已被大气层所阻隔。光解同时也扮演了合成有机化合物在河川中降解的重要角色。

水解，顾名思义就是水把有机分子分开。合成有机化合物中的酯类很容易水解，而很多的酯类会被运用来生产杀虫剂和塑化剂。

本处仅做简单的介绍，相关的知识请参考环境毒物学相关的书籍。

5. 生物可耐受的金属毒性浓度

有些自然产生的金属如砷、锌，在一定浓度时会对水域生物产生毒害，主要的毒害机制是大部分的金属会吸附在鱼类鳃的表面。有些研究指出金属颗粒在鳃表面吸附的作用，有可能使毒性加剧，因此，美国国家环境保护局（USEPA）规定可溶性金属浓度必须符合水质规定。

（三）土壤生态功能

土壤是支持生命活性的资源，包含不同尺寸的无机矿物颗粒（粘土、泥土及沙）、各种有机生物不同时期的分解产物、各种水离子和各种水中气体等，这些成分都有各自不同的物理与化学特性，对于生物产生或益或损的影响。

土壤可以是有机的也可以是无机的，其分类依据土壤内部有机物或无机物的含量而定。无机土壤从岩石发展而来，而有机土壤由植物的腐坏发展而成。土壤越多样化，越能支持更多样化的动、植物生存，特别是海岸或是湿地土壤，土壤的表面或里层都拥有多样性的动、植物。

定义出土壤边界条件，对于了解恢复计划的时机与限制十分重要，例如河滩地与河阶地（河滩地与漫流高滩的分界），因为坡度平缓、近水及肥沃，通常都是人口聚集或农业区，当计划在此区进行河川廊道恢复时，就必须考虑到恢复所带来的改变和影响。

土壤最重要的功能之一就是提供生物的物理、化学及机制的转换区。土壤支持动、植物生产的生物活性与多样性，同时也调节地景中的水流和其它物质的能量循环。而土壤中的水文、地文及生物功能是建立与维持河川廊道的主要架构。

1. 土壤微生物学

有机质是土壤中微生物的主要能量来源。土壤有机质通常占表土的1%～5%，包含了原本的组织、分解的部分组织及腐殖质。腐殖质是土壤中大型微生物有机体的指标，有助于植被恢复。

细菌在植物生长的有机转换中扮演三个重要的转换机制：除氮（Denitrification）、氧化硫反应（Sulfur Oxidation）和固氮作用（Nitrogen Fixation）。

2. 地景和地形位置

土壤特性随着地理位置而变动，而河川廊道的土壤和流况、沉积物和地面上下的水流也会随着高程不同而改变。

（1）变动河道（Active Channels）的土壤：通常是地势最低处，也是最年轻的河川廊道表面，因河床底部还不稳固，河岸也持续发生侵蚀运移和堆积，因此几乎没有土壤发展。

（2）变动河滩地的土壤：通常2～3年就会发生一次洪水，所以表面堆积现象持续进行。

（3）天然堤岸的土壤：河阶地因紧邻河道，由洪水越过天然堤时带来的悬浮物和沙土堆积而成。

（4）地形学上的河滩地土壤：比变动的河滩地高程略高一点，而且也比较少泛滥，所以土壤剖面发展较变动河滩地完整。

（5）河阶地土壤：河阶地土壤洪泛较少，比河滩地再高一层，其土壤发展比河滩地更加完整，且独立于河川发展过程之外。

3. 土壤温度和湿度的关系

土壤的温度和湿度控制了土壤中的生物机制，平均土壤温度和平均大气温度通常一样，其与季节、气候、太阳照射、方位、纬度以及高程等有关。

土壤湿度随着季节改变，如果恢复计划包含植物的配置，进行之前必须研究此地的降雨量与蒸发量。若此地的地下水位低于植物根系，又无法找到适当水源时，可能就要考虑换另一种植物栽种。

从河床到河岸再到邻近高地，土壤湿度可以从100%到零（Johnson and Lowe, 1985），而土壤湿度直接影响滨溪、漫流高地及高地的生态群落。这些生态上的差异导致河川廊道出现两种生态区：一种是水生—湿地/滨溪（Aquatic - wetland/riparian）生态区，另一个是非湿地—滨溪/河滩地生态区（Non - wetland Riparian/floodplain），两者都会提升滨溪区域的边际效应和生物多样性。

4. 湿地土壤（Wetland Soils）

湿地的土壤是植物的一大挑战，对于存活于漫流高滩的植物和动物而言，河川廊道中的湿地环境为相当独特的物化环境。

此种湿地的土壤被定义为饱和的、洪泛的及有相当长时间浸润于水，产生厌氧环境。厌氧环境影响植物的繁殖力、生产力及存活率，此种湿润土壤的形成原因通常是洪泛或通常超过7天的长期浸润。

在通气的土壤环境中，大气中的氧气透过气体交换从土壤孔隙中进入表土，通气的土壤通常会在排水良好的高地，且地下水位都低于根系。在饱和土壤里，孔隙充满了水分，所以气体交换的速度很慢，只有少量的氧气融入湿润的土壤，其余的在地表消失，所以，土壤中的微生物很快耗尽仅有的氧气，转换成二氧化碳，这个反应创造了一个厌氧的化学还原环境，氧气量极少且融入土壤的几率极低，进而对植物造成伤害。类似的微生物反应包括有机物分解产生乙烯，其对于植物根系具有高毒性，这样的微生物在厌氧环境下反而更具活性，当自由气体交换开始后，厌氧微生物也会减少其它化学成分，如氮、氧化锰及氧化铁。

湿地土壤呈现灰色就表示缺铁，称为灰粘土。当氧化铁耗尽，硫酸盐变换成硫化物时会产生腐臭气味，而在水涝的情况下，二氧化碳会变成甲烷，俗称“沼气”。

某些湿地植物有特殊的机制，使根系能够适应这种缺氧的环境。以睡莲为例，全株植物都能行气体交换，让气孔在天气很热的时候关闭，改用特殊的传道器官（Aerenchyma），让大气中的氧气能够到达根系，维持植物生命所需。而大部分湿地植物的根系都会邻近地表，以避开厌氧环境，像莎草（Sedges）等。

当土壤持续饱和，在土壤垂直方向剖面的相关反应会呈现均匀分布状态，故土壤极少成为带状分布，而是呈现均匀分布，这与河川冲积土壤是因为水流流动而使沉积颗粒分层明显有所不同。因水分很难将颗粒带走，在此区域容易形成粘土层且不容易位移，而且由于土壤湿润的缘故，在此形成粘土层的速度比在漫流高地快得多。

四、各种措施对水质的影响

多种河川恢复行动与集水区管理措施对水质参数均有影响，这些水质参数包含细颗粒量、水温、盐度、pH 值、溶解氧、养分、毒性等七项，产生的影响区分为增加、减少及不重要。

表 3.2 列出恢复行动与管理措施对水质所产生的影响，例如建造跌水工程可能会增加细颗粒量、溶解氧，毒性会减少。设置跌水的石梁工程会使水流速度减缓，部分细颗粒泥沙堆积，但石梁工程的跌水水流型态，会使水中的溶解氧增加，而石梁工程后方沉积的细颗粒可能吸附水中的溶解性毒性化学物质，使得水体毒性降低，虽然贡献比例相当有限，但仍发挥正面影响。但对水温、盐度、养分的影响不大。

表 3.2　　河川恢复行动和集水区管理与水质参数的相互关系

恢复行动	细颗粒量	水温	盐度	pH 值	溶解氧	养分	毒性
减少土地干扰行为	减少	减少	减少	增加/减少	增加	减少	减少
管制集水区内的不透水面积	减少	减少	不重要	增加	增加	减少	减少
恢复河岸植被	减少	减少	减少	减少	增加	减少	减少
恢复湿地	减少	增加/减少	增加/减少	增加/减少	减少	增加	增加
固坡以及恢复侵蚀边坡	减少	减少	减少	减少	增加	减少	不重要
建造跌水工程	增加	不重要	不重要	增加/减少	增加	不重要	减少
重建“滩”的水域型态	不重要	不重要	不重要	增加/减少	增加	不重要	不重要

五、生物族群特性

成功的恢复是基于对各种时间尺度的物理、化学及生物过程有通盘了解，通常人类活动会使这些过程加速，而导致河川廊道的生物架构功能不稳定。

本节要讨论河川廊道生物架构与功能和地形、水文以及水质的交互关系。河川廊道的生物族群分为水域和陆域两大部分。

（一）陆域生态系统

1. 土壤生态角色

陆域生态系统和土壤关系密不可分。养分等元素在土壤中的储存与循环，会随着土壤特性、微气候及土壤有机质而变动，例如湿度和温度，而这些元素同时也会影响过滤、缓冲、降解、阻隔，以及其它有机物、无机物的去毒（Detoxifying）功能。

2. 陆域植物

河川廊道生态系统的整合，与其环境中及周遭的植被群落有着直接的关联，这些植被群落是生物族群的重要资源，负责提供物理栖息地与调节太阳能量，植被群落在适当湿度、光度、温度下，依循着生长、衰老或休眠循环，其生长期间主要吸收太阳能量进行光合作用，将无机碳转换为有机物质。

植被群落的分布和特征依据气候、水分、地形元素、土壤物化特性（包括湿度和营养素）而定。植被群落同时也会影响动物族群的多样性与整合性，当分布越广、垂直与水平越多样化，越能支持更多样性的动物群落，所以利用植物和动物族群间复杂的空间与时间关系，当下的生态特征可以反映出地景层面最近的历史情况（时间尺度 100 年以下）。

陆域植被与其物种组成也能直接反映该河川的特色。滨溪植物的根系可以抓住颗粒，减缓冲蚀现象；而河川中的枯倒树木可以减慢水流、减少冲刷坡的侵蚀或增加堆积坡的沉积量，此外枯倒树木还可以变成有机质和营养源，成为某些水域族群的微型栖息地。

陆域植被的丰富度和分布也会影响河水。移除植被的短期影响会导致地下水位的快速抬升，这是因为蒸散发量的减少以及更多的水会直接注入河川，但长期而言，河川基流量会减少且水温会升高，特别是级别低的河川。同样的，移除植被会导致土壤温度和架构的改变，进入土壤的水量会减少，且因地表枯枝落叶层和有机质的减少会使地表径流增加、入渗减少。

植被的功能对鱼类和野生动物有明显影响。在地景层面上，原生植物分布若不连续，对野生动物有重大影响，会使具有随遇而安特性的生物比需要大面积连续栖息地的物种更具优势。在某些系统里，小型廊道连续性的中断，对动物的移动会产生明显影响，对于某些水域生物的适存性也会有影响。窄型廊道的边缘栖息地有助于一般物种、巢居寄生物种及捕食者生存，在此种栖息地强制建立动物移动通道以穿越天然障碍阻隔（例如瀑布）或已经存在许久的障碍，会干扰整个区域的动物组成（Knopf 等，1988）。

（1）地景尺度。集水区的植被群落生态特征与分布会影响水的流动、沉积物、营养源及野生动物。河川廊道扮演了地景中连接的角色，连接源头区到转换区的生态系统或是不同陆域系统，且野生动物可以利用廊道繁衍后代、迁移及活动。

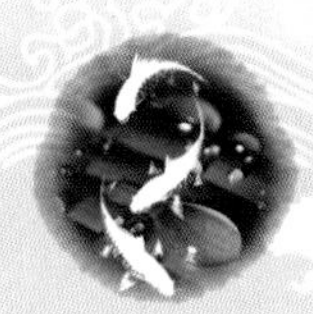

溪流—滨溪（Stream - riparian）生态系统和河川—河滩地（River - floodplain）生态系统并不同。在溪流—滨溪生态系统中，洪水是短暂且无法预测的，而滨溪区域提供河川养分、水分及泥沙，滨溪植物能适度地调节河川温度和光照。但在河川—河滩地生态系统中，发生洪水是很平常的事，且停留时间也较长并可预测，河川提供河滩地水分、泥沙、无机养分，从河道漫淹上来的水，其混浊与冷冽的水温会直接影响被浸淹河滩地的光透度与温度。

（2）河川廊道尺度。在河川廊道尺度中，植物的组成与繁殖形式从水平复杂度（Horizontal Complexity）的角度来讨论。河川连续性的概念已经在第一章介绍过，且同样可应用于滨溪廊道的植物组成上。

（3）植物社会。动物族群对于植物社会的变化是很敏感的，很多动物都只生活在特定的植被群落中，或依赖特定的栖息地元素（例如地表枯枝落叶层、枯倒树木）。滨溪的植物社会架构对水域食物网所提供的有机质会直接影响水域生物，而这些架构包括河岸的遮蔽度、枯倒树木对于河川栖息地的影响等（Gregory 等，1991）。

植物社会具有相当的复杂度，包括植物的层数、每一层的物种组合、物种之间的相互竞争及眼前所见的成分，例如枯枝落叶、枯倒树木。植物社会包括大树、树苗、灌木、藤蔓及草本灌木层。而垂直复杂度（Vertical Complexity）是生态资料中以组织层的多样性来描述的概念，研究显示滨溪鸟种的多样性和滨溪植物叶高的多样性相关（Carother 等，1974）。Short（1985）主张越多样化的植物栖息地，越能支持更多数量的族群和更多的物种。

3. 陆域动物

河川廊道是野生动物最常利用的栖息地型态（Thomas 等，1979），同时也是野生族群的主要水源，特别是大型哺乳类动物。河川廊道的动物组成是食物、水、覆盖及空间的交互作用（Thomas 等，1979），这些栖息地组成通过交互作用后，分析出河川廊道所提供的八种栖息地元素：

（1）提供持续性的水源。

（2）高的初级生产力和生物量。

（3）覆盖和食源呈戏剧性的时空对比。

（4）关键性的微气候。

（5）水平和垂直的栖息地多样性。

（6）最大边际效应。

（7）实际的季节迁徙路径。

（8）植被群落区块间高度的连接性。

陆域动物的种类和特性说明如下：

（1）两栖类和爬虫类。几乎所有的两栖类都在水域栖息地进行繁殖和过冬，但是两栖类不像鱼类只能生活在水域，其可在河川廊道中的滨溪栖息地生活，因此两栖类是可以往来水域与陆域的，某些蛇类亦可往来于水域与陆域。

（2）羽族（鸟类）。羽族是滨溪廊道中最常被用来研究的陆域野生动物。

（3）哺乳类。在滨溪区域，有水、植物覆盖及丰富的食源，为动物提供了良好的栖息地。河川廊道有时会受到某些动物行为的影响，例如水獭筑堤会形成池塘，虽然池塘有助于湿地的形成，对于鱼类或迁移性水鸟也提供了更多的开放水域，但是原本存在于陆域的植物就被取代了。如果河滩地缺乏木本植物，水獭就会去漫流高地“采伐”，这会造成河川廊道和滨溪区的重大改变。经过一段时间后，这些池塘会变成淤泥滩，再变成草地，最终进入造林阶段。

（二）水域生态系统

1. 水域栖息地

河川中的生物多样性和物种丰富度取决于栖息地的多样与否。在自然的作用下，稳定的河川系统会拥有较佳且较多样的栖息地，这也就是为什么会把河川稳定度当做恢复的首要目标。一条河川的许多方面都会影响水域栖息地，如横断面的形状和尺寸、坡度和底床的粒径分布、甚至是平面线型。在较低干扰的情况下，较窄、坡度较陡的横断面所提供的物理栖息地较小，较宽的断面则反之，但不必然如此。例如有深潭的河川廊道比宽浅者能够提供生态性更丰富的栖息地。一个窄型束缩河川的栖息地可能较为有限，且其多样性和稳定度也较差，但是很多陡峭、流速很快的河川对于像鲑鱼之类的冷水性鱼类非常有帮助。冲积扇型且洪水发生频率高的河川，有助于河岸滨溪栖息地的发展。栖息地会随着蜿蜒度增大而增加，有多种尺寸颗粒的河床比只有单一粒径的河床栖息地类型要好。

栖息地系统在河川廊道系统下分为很多尺度（Frissell 等，1986）。最大的尺度，也就是河川系统本身，是以几千米为单位；区段（Segments）以几百米为单位；河段是以几米到几十米为单位。河段系统包括堆石坝、石梁或巨石跌水、急流、连续的潭或滩及其它河床的形式，每一个的尺度大约都为十米以下。

Frissell（1986）分类中最小尺度的栖息地系统甚至到 1 英尺（约 0.3m）以下，可称之为微型栖息地，例如叶子、枝条的碎屑、卵石、粗颗粒上的泥沙、卵石上的苔藓或细颗粒等，也是种微型栖息地。

陡坡通常会形成河川廊道中一连串的阶梯跌水或深潭，特别是在粗颗粒的卵石或是岩盘底床河川，每个阶梯都像是一个小型的固床工程。阶梯和深潭的组合能使陡坡系统消耗较多能量，同时也能够增加栖息地的多样性。卵石和沙砾底床在比较平缓的连串潭或滩系统下，仍然会增加栖息地的多样性。深潭提供了鱼群活动空间、遮蔽及营养源，并且在暴雨、干旱及其它灾难事件中提供鱼类的庇护所。上溯的鱼种如鲑类，会在滩区活动并在深潭歇息（Spence 等，1996）。

2. 湿地

河川廊道恢复的起始可能会包括湿地，河岸湿地或是河畔低地阔叶林系统亦包含在内，在此仅以湿地的一般定义为主。若以湿地为主要恢复目标，必须另外找寻参考信息（Kentula 等，1992）。河川廊道的恢复可能一开始就设计为含有保护或恢复相关湿地的功能。

3. 水生植物和动物

河川动植物通常分为七大类：细菌、单细胞生物（阿米巴虫、鞭虫等）、微无脊椎动物（长度小于 0.02 英寸，如轮虫、桡脚类动物）、藻类、高等植物、大型无脊椎动物（长度大于 0.02 英寸，如蜉蝣、石蝇）及脊椎动物（鱼类、两栖类动物）。

未受干扰的河川物种多样性丰富。水生植物通常包括藻类和河床底质卵石上的苔藓与

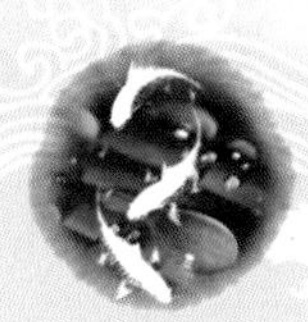

附着藻类。有根系的水生植物只生长在合适的河床，并且根系不会被冲走。浮游性植物只会存在于有湖泊、池塘、河滩地的水域或是流速低的地区（Odum，1971）。

水域无脊椎动物生存在河川廊道的微型栖息地中，像是植物、倒木、岩石、硬质或软质河床的缝隙。在垂直方向，包括水面、水体、河床等，无脊椎动物都有机会在其中良好发展。

单细胞生物和微型无脊椎动物是河川中的主要生物（Biomass）。但是，大型无脊椎动物对于整个族群架构来说是相当重要的，因为它们占总河川无脊椎生物量极大的比例（Mprin 和 Nadon，1991；Bourassa 和 Morin，1995），特别是大型物种在生态系统中，通常扮演着决定族群组成的角色。水底的大型无脊椎动物，特别是水栖昆虫的幼虫和甲壳纲的动物，通常可以作为河川健康状态的评估指标。很多鱼种会直接捕食底床上或水中的水栖昆虫，掠食的行为成了它们移动的驱动力（Walburg，1971）。

微生物如菌类、细菌和水底无脊椎动物可以帮助有机质的分解，像是枯枝落叶等进入河川的有机质。有些无脊椎动物（叶虫等）会把大型的落叶撕成碎片，其它无脊椎动物会过滤水中的小型有机质（浮游的蛹等），刮食表面的有机质（Moss，1988）。

鱼类生态是否良好对于河川廊道生态系统优劣非常重要，因为它们通常是水域系统中最大型的脊椎动物，也是最上层的消费者。鱼类数量和鱼种组成依据河川的区位、河川变迁及内部因素而变化，内部因素包括物理栖息地（流速、水深、底质、滩/潭比率、枯倒树木、侵蚀坡）、水质（温度、溶解氧、悬浮质、养分及毒性化合物）及生物间的相互关系（扩张、捕食及竞争）等。鱼种的丰富度会因坡度减缓与河川尺寸大小增加而向下游递增。小型的河川中，由于环境的波动性较高，鱼种丰富度通常较低（Hynes，1970；Matthews 和 Styron，1980）。此外，坡度大或是主支流较少连通的河川，被外来物种入侵的可能性也会较低。

物种丰富度由中级别的河川往下游河段渐增，因为环境稳定度增加、潜在的栖息地数量多或与主流的连接也多。越往下游，潭和流的水域型态增加，所以河床细颗粒和大型光合植物增加，这样的环境使鱼类更能忍受低溶氧和水温升高的环境。进一步来说，鱼类的体辐变宽，较不流线型的鱼类也可以在流速较缓的环境生存。在级别高或大型河川的底床通常以细颗粒底床为主，所以水生植物和浮游生物增加，食草动物、杂食性动物及以浮游生物为食的动物可能会变多（Bond，1979）。

有些鱼种会迁徙，回到距离很远的特定地区产卵；有些有很强的耐力，可以逆流而上甚至横越瀑布等障碍物；也有些必须在海洋咸水和淡水之间移动，这就需要很强的耐渗透力（Osmoregulatory）（McKeown，1984）。从海洋回到淡水产卵的物种，称为溯河洄游产卵（Anadromous）的物种图 3.1，像鲑鱼这一类的鱼通常生活在高海拔或北方气候、水温较低且溶解氧较高的水域，这些特别的鱼种对于温度的忍受区间很小，而且也有特别的繁殖需求。

在台湾，仅存于大甲溪上游的樱花钩吻鲑，经过长期的演化，已经转变为陆封型（Landlocked）的鱼类，其分布可说是北半球分布的南界，只限于生存在水温低且溶解氧高的水域，对于温度的忍受区间很小。

原生鱼种的减少促使恢复鱼类栖息地的行动如火如荼地进行，恢复重点放在改善当地栖息地，如隔离或是移走河川旁边的家畜、建造鱼道或是在溪中增设物理栖息地。恢复着重的范围太狭窄、忽略栖息地多方面的需求、没有将物种生命周期所需的资源纳入考虑等，都是目前研究中最令人诟病的地方。河川廊道恢复执行者应该清楚知道鱼类在季节和生命史中需要很多型态的栖息地，以满足其觅食、筑巢、躲避天敌及繁殖的需求，而鱼类族群的恢复亦有其生态、经济及游憩上的价值。

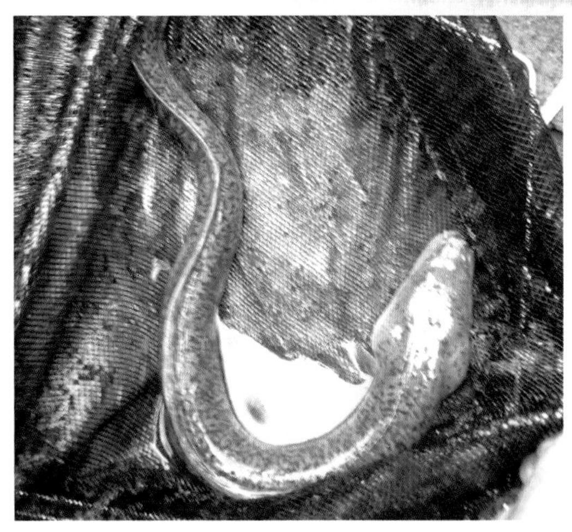

图 3.1　鲈鳗为降海性洄游鱼类
（拍摄者：胡通哲）

4. 非生物和生物在水域系统中的相互关系

河川中生物和非生物的因子会影响生物的空间和时间变化，包括水质、水温、流速、底质、食物和营养源，以及捕食和被捕食之间的关系。这些元素会影响水生物的生长、生存及繁衍。

当单独探讨这些元素时，要特别注意它们之间的相互关系，包括水流情况、水温、覆盖的影响、溶解氧、pH 值、底质及有机质。

5. 流况

每一条河川上游到下游的流况都不尽相同，水流情况的特性会同时影响河川物种的微分布（Micro - distribution）与分布（Bayley 和 Li，1992；Reynold，1992；Ward，1992）。很多生物对于流速很敏感，因为流速会影响食物和营养的传输，以及生物在河川中的停留时间。有些生物对于水流的时间变化也很敏感，因为这会影响河川的物理架构，有可能使死亡率增加、可用资源改变及对物种间相互作用产生干扰（Resh 等，1988；Bayley 和 Li，1992）。

流速会影响浮游类生物的型态发展，高流速是某些鱼类应该迁徙或是产卵的暗示，流速快时能冲洗底床，将河床沙分离并且淘刷深潭。水流特别慢可能会对幼鱼的繁殖造成限制，因为这种慢速水流通常只发生在鱼类生长的时间（Kohler 和 Hubert，1993）。

6. 水温

河川廊道的水温受到很多因素的显著影响，如周边环境大气温度、海拔高度、纬度、水源及太阳辐射（Ward，1985；Sweeney，1993）。水温掌控很多冷血生物的生化和物理机制，因为它们的体温和周边的水温一样，而且水温是影响生物生长、发展及行为模式的重要元素。以河川中的水栖昆虫为例，它们在暖水温或暖季中生长特别快，很可能在暖季时一年可以世代交替两次以上，而在冷季时可能只有一次或更少（Sweeney，1994；Ward，1992）。藻类和鱼类的生长率也有相同的情形（Hynes，1970；Reynolds，1992）。温度和生长、发展及行为模式的相互关系足以影响某些物种的地理分布范围。

淡水河川的水温是影响鱼类分布的重要因素之一，包括直接影响和间接对溶解氧产生的影响。当然，覆盖、水深及水流对水温也有影响，很多鱼类只能忍受一定的温度区间。

7. 覆盖

为了某些特定的恢复目标，移除过多的植物覆盖或是减少基流量会使水温提升，有可能超过某些鱼类的忍受范围（Feminella 和 Matthews，1984），所以，对于河川管理者而言，恢复或维持正常的温度区间是重要的终极目标。

滨溪植被也是影响光度和温度的重要因子（Cole，1994），直射的阳光会使水温升高，特别是在暖季或是低流量的时候，在这种情况下，河川流出森林区时水温会快速升高，但是也会在进入森林区时快速下降（Lynch 等，1980）。

冬天缺乏覆盖时，河川温度也会受到影响。Sweeney（1993）发现在北美 4 月到 10 月时，草地河川的日均温会高于森林河川的日均温，在 11 月到次年 3 月时则相反。河畔林的缓冲带会防止自然温度的骤变，亦可减低砍伐森林后，温度升高的幅度（Brown 和 Krygier，1970；Brazier 和 Brown，1973）。

对于温度控制必要的缓冲区宽度，每个地区都不尽相同，依据河川方位、植被及宽度而定。在小型上游源头短的河川，柳树（Willows）和赤杨（Alders）可以为滨溪和水域生态系统提供适当的遮阴与碎屑。对于大型较高级别的河川来说，种植或恢复大树，像是宽叶白杨（Cottonwoods）、柳树、悬铃树（Sycamores）、白蜡树（Ash）及胡桃木（Walnuts）等（Lowe，1964），都有助于鱼类靠近河岸，只是对于光度和温度有些影响。

目前已开发很多温度预测的模型（如 Beschhta，1984；Theurer 等，1984），太阳辐射依然是影响夏季最高水温的主要元素，而小型集水区的水温则取决于覆盖度。

8. 溶解氧

氧气进入水体有两种渠道：一种是直接由大气中获得；另一种是由植物的光合作用得到（Mackenthun，1969）。因为水浅、水面与空气接触面积大，河川即使不从植物获得氧气仍然可以从空气中得到大量的氧气供给。

足够适当的氧气不仅能让水域生物生存，还能维持它们的繁殖力、活力及发展。生物处于缺氧的压力下，便无法和其它物种竞争（Mackenthun，1969）。缺氧会造成水生物的死亡，包括鱼类。当鱼类的生理和化学机制的需氧量大于环境的溶解氧供给时，鱼类就会窒息而死。缺氧现象通常发生在水流缓慢、高温、根系水生植物过度生长、藻类茂盛或是有机物浓度过高的状态下（Needham，1969）。

河川环境氧气供给量过少时容易发生污染（Odum，1971）。影响水中溶解氧最大的因素是温度、气压、水生植物量还有自然的大气通气量（Needham，1969）。大部分鱼类需要 5ppm 的溶解氧量才能正常活动（Walburg，1971），3ppm 以下的溶解氧对鱼类有不良影响（Mackenthun，1969），例如河川溶解氧大约为 4.5～9.5ppm 时，才适合美国鳟鱼生存。

9. pH 值

水域生物最适宜的环境 pH 值为中性时。过酸或过碱的环境会对物种产生危害，降低物种多样性和丰富度。

10. 底质

生物和非生物都会受河川底质影响，河川底质的功能就像陆域系统的土壤一样，这就是说，河川底质就是水域系统河溪下层区（Hyporheic Zone）表面和水的交界，河溪下层区就是河水底质交界面以下的地方，大约只有几厘米深但横向分布面积大。在小型河川中，河溪下层区受限于小河滩地、草地及河段的粗颗粒都会进入河床沉积，河溪下层区通常不具连续性。在中级别的河川中，河滩地越大，河溪下层区的连通性就会增加。在大型级别的河川中，连通性不一定会提升，因为河川的元素更复杂，如牛轭湖和断头河段(Cutoff Channel，因河川改道而与主河道分离的河道)，甚至是区域的地下水系统等都会产生一定的影响（Naiman 等，1994）。

河川底质包含甚广，如粘土、沙土、沙砾、卵石、巨砾、有机质还有枯倒树木。一般来说，沙和淤泥是最低适合度的底床，而沼地和卵石底床则能支持最高密度和最多的物种生存（Odum，1971）。见图 3.2 的北港溪河段，位于引水堰的上游，布满淤泥与细沙，并非是好的河床底质环境，鱼类的优势种为底栖性的短臀鮠，一些初级性的淡水鱼如鲴鱼、台湾石鱝反而不多，主要是河床底质的关系。如前所述，河床底质的尺寸、异质性、尖峰和基流量的稳定性、河川的变化耐久性都是依据颗粒的尺寸、密度及水流的运动能量而定。上游河床底质通常比下游大，滩区的底质也会比深潭大（Leopold 等，1964）。

图 3.2　过多的细沙与淤泥对鱼类而言并非好的河床底质（南投县北港溪）
（拍摄者：胡通哲）

同样的，枯倒树木的分布和所扮演的角色也依据河川大小而变化。在森林集水区和河岸有明显树木区的河川中，大型枯倒树木进入河川会增加底质的量和多样性，也会增加水生物的栖息地范围（Bisson 等，1987；Dolloff 等，1994）。土石坝会将泥沙留在坝体后方，而在下游处通常会淘刷。

11. 有机质

河川有机物的新陈代谢活动根据其属性区分为原地的（Autochthonous）和移置的(Allochthonous)，根据上游食物与养分来源而定（Minshall 等，1985）。属于原地的有机物，就像是原本就存在于河川中的藻类和大型水生植物；属于移置的有机物，则是原本不属于河川的有机物，像是木材、树叶、分解的有机碳。不管是原地的或是移置的有机物，上游的有机物都会随着水流传输到下游。

河川的初级生产者角色会根据其地理位置、河川尺寸及季节而变动（Odum，1957；Minshall，1978）。河川连续性的概念已经在之前叙述过，假设对于充满遮阴的源头区河川，初级生产力重要性不高；但是随着河川尺寸增加，滨溪植被已无法影响水中的光照，初级生产力便相对重要。

过多的氮与磷进入河川会造成藻类和水生植物大量增生，这个过程称为富营养化

(Eutrophication)。分解过多的有机物会消耗氧气，导致鱼类死亡、水质混浊腐臭，河流的美感顿时消失。

12. 河川廊道陆域和水域生态系统组成

河川廊道可以视为一个功能单元，也可以由元素之间的连接和相互关系来着眼。成功的恢复不可忽略这些基础的关系，植物的架构和功能在所有尺度中都相互关联，同时也和动态的生态系统息息相关，在河川廊道生态系统的成分中，某些基本的动态相互关联，并与洪水、河道迁徙有关。

很多生态功能都受到植物架构特性的影响，在一个集水区，水流和其它物质的移动都会随植被和碎屑而减缓，养分以复杂的机制在陆域与水域生态系统之间移动并趋于平衡。

在大多数未受干扰的河滩地中，河川的迁徙与洪泛是植物组成变动的主要原因(Brinson 等，1981)。在地景层面，覆盖的破碎化对于野生动物有重大影响，通常会让外来种入侵的机会提升。在某些系统中，廊道连续性的中断对于动物移动和某些水域生物的适存性也会产生重大影响，有些滨溪物种与河畔植被覆盖的连续性相关。如果没有新树种进入族群，比较老的树会形成连续的覆盖直到衰老倾倒，成为小型的栖息地。恢复会维持树木的存在，让这些河畔林族群能够维持足够的数量和范围。

当考虑要恢复滨溪栖息地时，也必须一并考虑周遭邻近栖息地的情况，Carothers (1979) 发现滨溪生态系统，尤其是边缘的地区，常为非滨溪鸟类所利用。要将一个生态系统恢复至原始情况是近乎不可能的，特别是上游地区的情况已经改变许多，像是筑坝或是有其它水工结构物的建设。

六、功能与动态平衡

前面的介绍涵盖了河川廊道的架构和河川廊道中发生的物理、化学及生物作用。这些数据显示河川廊道像个生态系统般运作，为了有效恢复河川廊道，必须了解这些架构的特性。事实上，重新建立架构和复原特殊的物理或生物作用，并不是生态重建唯一追求的目标，其目标是重建有价值的功能，重点在于给予生态系统一个能够自我维持恒定的契机。永续利用的好处从一条功能健全的河川来看，可为人类和自然环境提供很多服务；但如果是受损的水资源，不仅不能维持有价值的功能，甚至还需要昂贵且长期的维护资金和资源。

河川廊道功能运作包括连续性与宽度两个重要的特性。

(1) 连续性：廊道或基质空间上的连续性量化 (Forman 和 Godron，1986)。此特性受到廊道和邻近土地使用的阻断影响，一条具有高连续性的河川廊道能够提供很多有价值的功能，包括物质和能量传输以及动物、植物的移动。

(2) 宽度：在河川廊道上，宽度指的是河道和邻近植被生物覆盖的横越距离。影响宽度的因子包括边缘、族群组成、环境梯度及邻近生态系统的干扰影响 (包括人类活动)。宽度的量化包括平均面积与变化、峡谷的数量和多样的栖息地需求 (Dramstad 等，1996)。

河川廊道的宽度和连续性具有关联性。廊道的宽度随着长度变化，其间可能会发生间断，而间断就会影响并减少连续性。评估连续性和宽度可为修复行动提供有价值的参考。

本节说明五个关键的功能，即栖息地功能、通道功能、过滤和障碍功能、源头和沉降功能、动态平衡。

（一）栖息地功能

栖息地是用来描述植物或动物在大自然中一个区域的生活、成长、觅食、繁殖以及其它生命周期的过程。栖息地提供生物、族群必需的生活元素，包括空间、食物、水及庇护。

在河川廊道提供的稳定环境下，很多物种都可以在此环境中生活、觅食、繁殖及建立族群。廊道对于栖息地的价值在于它能够连接很多小型的栖息地，并且使野生动物族群数量增加，提升具有更多生物多样性的大型复杂栖息地。

栖息地功能依尺度而有所不同，若可以正确应用各尺度的栖息地功能，恢复就能成功。在地景尺度下，基质、区块、廊道及镶嵌块的概念通常会应用于大型地区的栖息地描述，河川廊道和主要的河谷结合便能提供内容丰富的栖息地。河川廊道和其它植被生物廊道，可以提供森林或河岸迁徙物种喜爱的休息、觅食场所。

集水区的栖息地功能可以从不同的观点切入。河川廊道上游集水区的河段植被型态有时候和邻近集水区、下游廊道及支流廊道的植被型态都不相连贯，当陆域或半水生河川廊道族群所依赖的水源相同时，集水区中提供的适当栖息地有相当的帮助。

河川廊道通常包含两种栖息地架构：内部栖息地和边缘栖息地，栖息地多样性意味着这两类栖息地的增加。对于大多数河川而言，廊道宽度对于大型脊椎动物，如森林鸟类族群而言是不足的，内部栖息地的多寡并不重要，正因为这个原因，增加内部栖息地有时就变成集水区尺度恢复的重点。

廊道尺度的栖息地功能受连续性和宽度的影响很大。连续性越高、宽度越宽，河川廊道栖息地的价值就越高。河谷型态和环境梯度（土壤湿度、太阳辐射及降雨）可以使动物、植被群落改变。物种通常比较容易在宽广、连续且原生植物丰富的河川廊道中找到适合的栖息地，在狭窄、异质性高或高度破碎化的廊道中，很少有适合的栖息地。

栖息地的情况包含很多因子，如气候和微气候、高程、地形、土壤、水文、植被及人类使用。从恢复的量化角度来看，廊道宽度对野生动物来说非常重要。当要恢复一个特定物种时，廊道宽度必须满足这个物种需要的栖息地，太窄的廊道会造成物种移动的阻碍，甚至中断其移动的通道。

以当地尺度而言，大型枯倒树木会造成河川和邻近河岸边坡的地形改变，枯倒树木会在河岸形成水流的阻碍，而阻碍的下游处会掏掘成深潭，上下游的流况也会改变。对于大部分鱼类和无脊椎生物来说，大型枯倒树木的架构会改善水域栖息地。

河畔林除了内部和边缘栖息地之外，树冠层、次树冠层、灌木及草本层都可以提供垂直的栖息地。河道本身，滩、深潭、急流及回水也都可以塑造不同的栖息地型态。

（二）通道功能

通道的功能是提供传输能量、物质和有机质的途径。河川廊道具有横向和纵向的通道功能，可以传输泥沙和物质，物质或动物都可以通过廊道移动，鸟类和小型哺乳类可以通过植被群落的树冠层横越廊道。有机碎屑和养分会经由廊道由高处往低处流动，影响河川中的无脊椎和鱼类的食源供给。

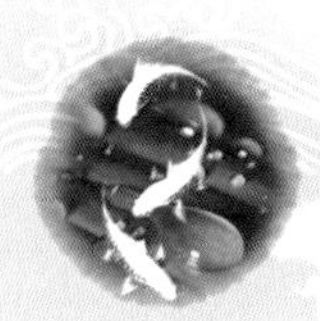

物质运动非常重要，因为它对于河川水文、栖息地及架构造成影响，就像陆域栖息地和河滩地或漫流高地的连通性一样，连通性的架构特征和宽度也会影响通道功能。

对于迁徙和移动性高的物种来说，廊道既是栖息地同时也是通道。例如，廊道和其它栖息地的组合可以让北美的一种青鸟（鸣禽，Songbirds）从冬季的北回归线栖息地飞回北方的夏季栖息地。很多鸟类只能飞行一段距离就必须休息和补充能量，如果要扮演好鸟类的通道角色，河川廊道必须有很好的连接性且宽度够宽，才能够提供鸟类迁徙时所需的栖息地。

河川廊道同时可以扮演多种能量形式的通道，同时也可以通过种子的传输和沉积，成为植物的散布渠道。当上游是自然泥沙与生物量的主要来源时，河川廊道的宽度就很重要，一条宽广、连续的廊道就是一条大型的通道，可以横向或纵向地传输水流。

（三）过滤和障碍功能

河川廊道的过滤和障碍功能在于减轻水质污染、泥沙传输，形成土地使用、植物社会及低移动性物种的自然边界。

影响过滤和障碍功能的因子包括连续性和廊道宽度。河川廊道可以传输、过滤或是阻隔物质。原生植被群落的特性可以影响进入河川系统的径流，包括吸收、吸附及中断干扰等，廊道中的植物可以过滤地面流的养分和泥沙。

大型河川的泥沙量可以经由河川廊道网路的过滤而减少，比较宽的廊道过滤功能较强，且连续性的廊道在其延展范围都有过滤功能。

过滤从河川廊道边界的边缘开始，陡峭的边缘使过滤功能集中，过滤后进入狭窄的地区，效果较差，平缓的边缘则透过过滤功能进入较平缓的生态梯度（Ecological Gradient），效果较好。

动物或物质流沿着廊道的平行移动会受到廊道边缘不规则（内凹或外凸）的影响，有些特定的植物会选择性的攫取一些物质，像是随风飞扬的沙粒、碳等物质，故也具有过滤的功能。

（四）源头和沉降功能

源头提供周遭地景生物、能量或物质，其它地区就扮演着沉降或吸附生物、能量或物质的角色。河川廊道或其中的元素都可以扮演环境物质的源头或沉降的角色，有些廊道甚至两者兼具，依其时间和位置而定。边坡通常扮演源头的角色，例如为河道提供泥沙，在其它时间，边坡也可以变成沉降角色，沉降洪水所带来的新沉积物。在地景尺度中，廊道除了有连接各种型态栖息地的功能之外，还有物质源头和通道的功能。

河川廊道同时具有地表水、地下水、能量和泥沙的沉降与储存功能。虽然源头和沉降的概念已为大众接受，但是目前还缺乏实际应用的准则。

Forman（1995）提出了三项河滩地植被的源头与沉降功能：调节或吸收洪水量使下游洪水量减少、在洪水时期拦阻沉积物、提供土壤与水中有机质的来源。

（五）动态平衡

即使在没有人为干扰的情况下，河川廊道的架构、历程及功能仍然会自然发生改变，除了经常性的变动之外，河川与其廊道都是稳定的保持动态运作。这种情况称为动态平衡。

保持动态平衡需要很多河川廊道生态系统的自我修正（Self－correct）机制，这些机制让生态系统可以控制过多的能量、干扰，保持永续的状态，但这种历程难以定义与量化。系统失去平衡后，廊道会重新调节直到再度平衡，不过可能需要一段很长的时间。

很多河川系统允许一定程度的干扰，当干扰源头受到控制或移除后，在一段合理时间过后仍然可以运作。消极的恢复就是根源于生态系统自我疗愈的机制，移除压力并给予自然恢复的缓冲时间，是符合经济效益且有效地恢复策略。当明显的干扰发生时，河川廊道可能需要好几十年才能自我恢复，虽然如此，恢复的系统也是动态平衡状态，仍然会和原本的系统不一样，生态上的价值仍低于原本的系统。当恢复执行者分析恢复时间长度和预期恢复成果时，通常会采用积极的恢复方法，在比较短的时间内重建一个运作更良好的河道、廊道架构及生物族群。积极恢复的主要好处就是能够更快地恢复其功能性，但是更大的挑战包括计划、设计及正确达成动态平衡理想目标。

新的动态平衡和未受干扰前的状态一定不同。除此之外，干扰有时候已经大过于系统本身自我恢复的范围，因此，消极恢复和积极恢复必须同时进行，前者为移除干扰的源头和压力，后者为修复河川廊道生态系统濒危的架构和功能。

第四章　河川廊道干扰

河川廊道与相关生态系统发生改变，通常是因为自然干扰或人为干扰，有些是单独发生，有些则是连续发生。不论干扰发生的情形如何，其所产生的压力可能会改变河川廊道的结构，或者减弱生态的关键功能。

廊道内部和周边干扰所造成的因果关系，有可能会永久改变一个稳定的系统，这样的观点可以应用在恢复方案刚开始启动时，选择一个避免或减轻干扰的替代方案；如果没有理清干扰与河川廊道之间的因果关系，选择的替代方案只是头痛医头，脚痛医脚，无法解决根本的问题。

在评估与设计阶段，应用干扰—反应的评估与设计技巧，可以避免错误以节省时间，恢复也比较容易成功，这是关键性的第一步。

在河川廊道与相关生态系统的任何地方都可能发生干扰，其频率、历时及强度也都各有差异，一个单独的干扰事件可能会引发不同频率、历时及强度的干扰。为使恢复成功，在规划和设计时必须考虑到每一项直接或间接干扰所造成的影响。

地景构造的改变大约是几百年到几万年的过程，而人类开始对其观察的时间有限。地景构造的改变包含由造山运动形成的褶皱和断层，或是因地震而改变的地表高程和坡度。针对地景的种种变化，河川也会改变其断面或平面型态。相对来说，气候的改变纪录具有历史性和地理性，降雨时间和分布通常会影响植被的类型、土壤及地表径流，河川廊道也随着径流和泥沙量的不同而有所改变。

一、自然干扰

洪水、森林火灾、地震、病虫害、山崩地滑、干旱和气候异常等自然事件都会干扰河川廊道的结构与功能，影响的大小与生态系统相对的稳定性、耐受性及弹性有关。通常生态系统只需要一点点外力作用便能恢复原状，有时甚至能够自行恢复到原来的状态。

自然扰动有时候扮演的是一种再生或恢复的角色。例如，有些滨溪植物的生命周期会随着洪水或干旱而自我调整、适应。滨溪植被具有相当大的弹性，一场洪水或许会摧毁滨溪的成林，但也创造了新的栖息地，因此提升了滨溪系统恢复的弹性。图 4.1 为兰阳溪支流粗坑溪干涸的河床，虽然干涸对水域生物影响很大，但是也是再生的机会。

在设计河川廊道恢复方案时必须注意下列事项：

（1）自然扰动对于当地生态环境的影响。

（2）自然扰动的正反面观点。

（3）适当描述或定义自然扰动的频率与大小。

(4) 生态系统对自然扰动所产生的反应。
(5) 以河川廊道恢复为观点的自然扰动。

图 4.1 自然干扰——干旱所造成的干涸溪床（宜兰县兰阳溪支流）
（拍摄者：胡通哲）

二、人为干扰

土地利用活动等人为扰动对河川廊道与相关生态系统所产生的影响是很重大的。随着农业（如杀虫剂与肥料的施放）、城市行为（城市化和工业污染）及矿业（如酸性物质和重金属）的发展，都会改变河川的化学性质。

人为扰动会干扰化学循环，进而破坏水质。城市化和工业污染通常是点源性（Point Source）的、周期性的长期影响。而农业化学的影响则十分广泛，并且很多都是非点源的（Non - point Source）间接性的影响，像灌溉或除草剂的大量施用，会造成沉积物吸附化学物质、土壤盐度增加。因此，控制人为干扰的源头会比治理更有效，也就是俗话说的“治标不如治本”。

生物性的干扰是指发生在种内的竞争与相残，以及种间的竞争与掠食。这些情况在生态系统中是很自然的现象，也决定了族群的大小和群落的组织。有时候放牧管理不当或休闲活动过于频繁也会引发生物性干扰，引入外来物种对本土原生物种产生广泛、剧烈和持续的压力也属生物性干扰。

物理性的干扰在任何尺度下都有可能发生，从地景—河川廊道到河川—河岸都可以看到物理干扰的影响。洪水控制、森林管理、道路的建造和维护、农业耕作和灌溉，甚至是城市化，都会对集水区和其中的河川廊道的地形与水文情况产生剧烈影响。改变植被群落的结构和土壤，会影响入渗和水流，进而改变径流发生的时间与径流量。

在台湾，人为不当的土地使用及与水争地，到头来容易受到自然的反噬。见图 4.2 中的房屋，曾经是令人称羡的临水豪宅别墅，如今因为大安溪上游野溪的泥石流肆虐，位于河滩地的整个房屋被土石围困，只要雨势稍大，人员必须要有撤离的准备。

图 4.2 洪水与泥石流对居民生命与财产造成重大影响
（拍摄者：胡通哲）

本节将就常见的干扰与土地使用带来的干扰这两部分加以说明。

洪水与泥石流对居民生命与财产造成重大影响见图 4.2。

（一）常见干扰

常见干扰包括水坝、人工渠道及外来种入侵。

1. 水坝

河川中的水坝会明显影响水生物洄游（溯河、降海）和泥沙运移。水坝包括水库大坝、拦河堰、防沙坝和固床工程等横断河床阻碍洄

游的人工构造物。无论水坝的大小都会影响河川廊道，影响范围与程度依据水坝的目的，及其与河川相对的尺寸来判定。

水坝结构物的设计容量会直接影响下游河川。水力发电的坝体下泄的流量与频率，对于下游的河川型态、河岸侵蚀及滨溪栖息地都有重大影响，大坝下泄水量和原本的天然流况是不一样的，水流可能会形成平缓的湖泊。而供水水坝可能会减少河川的流量，也可能会改变河川廊道的型态、植被群落及栖息地。

水坝破坏了水生物洄游的机制，使其迁徙与移动发生变化，甚至影响了整个河川廊道食物链的结构。如果没有较高的流量，底床砾石间的细沙就不会被冲走，进而影响很多水生生物的产卵与繁殖活动。如果河川流量削减，由海洋移栖淡水区域产卵的洄游性鱼类可能会失去方向感，也容易遭受掠捕。

水坝也会影响水质。稳定的河流通常拥有稳定的水温，若河川水温不稳定，会影响生物的成熟与繁殖行为。灌溉水的蓄积造成河川流量降低、水温升高及溶解氧下降，将对水生物造成压力甚至致使死亡。此外，大型水坝中底层通常水温较低，下泄流量时，可能造成原生鱼种的不适应。

水坝也会阻碍沉积物与有机质的流动（Ward 和 Standford，1979）。即使坝的高度较低，具有调节天然洪水量的小型调节池功能，循环也很单纯，但当流速变慢时，流入的沉积物沉淀在坝体下部，沉积物中的有机悬浮物提供下游食物网的养分来源也会随之减少。

当泥沙悬浮质沉积物的量减少，下游河床和河岸的冲刷就会再度运作，发展到推移质重新达到平衡为止。冲刷会让河床高度降低，并侵蚀很多生物的重要栖息地。例如河岸和滨水区，没有泥沙的来源，沙洲就无法形成，生物栖息地和物种也随之崩溃；当河川渠道深切的同时，河岸区的水面也随之降低，河道下切对河川廊道的植被群落会产生不利的影响。

相反，当坝是为了减轻洪灾而建造时，缺乏大型的洪水事件，将容易使河道产生淤积，且会影响到中、下游河川的宽度和沉积情况。

水坝属于人为干扰常见的一种，图 4.3 为台北县境内南势溪的水力发电拦水坝。

2. 人工渠道和取水

人工渠道和取水像水坝一样会造成河川廊道的改变。有些水生物在不同生命周期内需要不同的水域环境，而渠道化破坏了浅滩或深潭等水域环境。人工渠道会使流速变快，降低了栖息地的多样性，进而造成河川生态功能的减退。河川就像穿了制服一样，纵断面规则化使生物栖息地变少。渠道化的河川通常会移除大型枯倒树木，枯倒树木通常是水生昆虫大量蕴集的栖息地，当大型枯倒树木被移除，这种生物栖息地就消失了（Bisson 等，1987；Sweeney，1992）。

取水结构的影响和水坝所产生的影响类似，取决于时间、流量、操作结构的设计。

某些减轻洪水影响的策略与河川廊道恢复的宗旨背道而驰，防洪墙和防洪堤使河川流速变快、河宽变窄、洪水水位升高。防洪墙如果设置在背向离河川较远处，可以使河滩地暂为储蓄洪水的用途，可现今的设计经常有河川的防洪堤逐渐取代滨溪植被生物的倾向。树木遮阴或其它滨溪植被生物的减少与流失，会导致遮阴、温度及养分的改变。

图 4.3　水坝属于人为干扰常见的一种（台北县乌来乡）（拍摄者：胡通哲）

人为干扰——人工渠道化见图 4.4。

3. 外来种入侵（人为造成）

河川廊道是具有波动流水与季节韵律的地景单元，原生物种适应某些环境特性后，在别处可能就无法生存。对于河川廊道来说，洪水和低流量环境都是自然发生的，改变这些环境型态，会诱发新物种的更替，压缩原生物种的生存空间。

图 4.4　人为干扰——人工渠道化（台中市柳川）（拍摄者：胡通哲）

图 4.5　常见的外来种入侵——吴郭鱼（拍摄者：胡通哲）

无论有意或无意的外来种引进，将带来捕食、混种及疾病等影响，非原生物种将与原生物种竞争水分、养分、阳光及空间，甚至包括繁殖、食物及栖息地。在台湾的河川下游，外来种的入侵是令人困扰的问题，例如吴郭鱼大量繁殖、占据原有栖息地（图 4.5）。

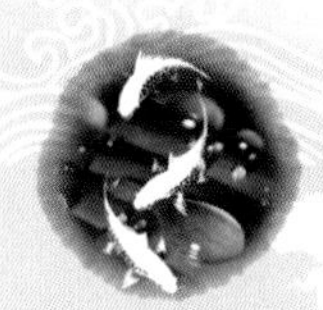

（二）土地使用

1. 农业活动

将未受扰动的土地用于农业生产，经常会干扰现有的动态平衡。一般来说，农业活动尺度过大会导致河川廊道的架构产生改变，稳定系统下的功能也会产生显著的变化。

2. 移除植被生物

移动原生、滨溪及高滩地植被是农业活动中最明显的干扰。生产者常会为了增加土地经济效益，尽量增加耕地作物，因而导致原生植物的生存空间被挤占掉。

植物组成和分布也会影响结构和功能之间的相互作用。从河岸、河滩地及高地移除原生植被生物将影响相关的水文与地质功能。在滂沱大雨时，这些干扰会导致沟渠冲蚀、入渗量降低、地表径流增加、污染物传输增强、河岸冲蚀量增加、河道不稳定及栖息地退化。

3. 改变河道

为了保护农业系统，通常会设置控制洪水的结构物，甚至改变河道，这都会影响河川廊道与相关高地的地质和水文特性。为了农业生产的目的，河川经常被截弯取直或者被移到“矩形”的空间，主要目的是为了达到农作有效生产和容纳增加的径流量。某些改变所带来的潜在影响，包括改变河滩地与漫流高地的地表水与地表下水流的流动、增加水温、浊度和 pH 值、切深河道、降低地下水位、河岸功能不足以及损失陆域与水域的生物栖息地等。

4. 土壤裸露与紧密（Exposure 和 Compaction）

耕种和土壤紧密程度会影响土壤中的流动水，造成表面径流增加、土壤含水能力降低。耕种也会导致土壤硬化，土壤密度增加，并减少入渗率。这些改变会导致地表水和地下水的变化，经常会造成河道切深和之前讨论过的类似影响。

5. 灌溉和排水

灌溉取水使地面水和含水层水量减少，影响河川廊道。含水层为农业用水提供了水源，与河、湖及水库相比，地下水的水质优良，是丰富可靠的水源。

沟渠系统将地下水量集中，地表下的沟渠系统、人工水道及排水明渠形成一个地景尺度网路的干扰。这些作业方式破坏了栖息地，也影响了自然过滤系统，减缓径流速度和净化的功能。

6. 沉淀物和污染物

与土壤有关的农业干扰主要是非点源污染，也就是携带污染沉积物的径流。杀虫剂和肥料（主要是氮、磷及钾肥）会渗入地下水，或者经由地表水进入河川廊道，两者都可能分解或吸附于土壤颗粒上，故这些化学物质都会进入河川廊道。不当的动物堆肥贮存和施用，对于河川廊道来说也是一种潜在的化学和细菌污染。

在河滩地、潮湿的土地、湖或者浅水滩的低地，土壤经常含有盐分，这是一种自然的现象。地表和地下水分解的盐进入后在浅水滩和土壤里聚集，并通过蒸散发除去水分，如果在这些地区从事农业活动却没有适当的灌排系统，会加快土壤盐碱化的速度。在干旱和半干旱的地方，灌溉能把盐分带进排水区域，作物用剩的盐就会在土壤里累积。盐度过高会改变土壤构造，对植物产生毒性，同时减少植物的含水能力。

（三）林业

三种相关的林业行为会影响河川廊道，即伐木、林产运输及基地准备（Site Preparation）。台湾林业单位已由过去以伐木营利为主转变为以恢复为主要目标，因此在本节仅作简要的讨论。

1. 伐木

伐木包括移除成木或幼木，提升剩余树木的生长力。伐木会降低植物的覆盖率。

伐木会减少集水区的营养来源，因为树的营养有一半都在树干里。伐木时若有大型枯倒树木进入河川，会增加河川中的营养，但反过来说，伐木会短期地增加营养，但是长期而言营养会衰减。

与农业一样，伐木会使河川的水质、流量及时间发生改变。如果移除集水区内大部分的树木，流速会急剧变快，影响程度要根据树木移除数量以及树木与河川廊道之间的关系而确定。如果邻近河川的植物被移除，洪峰流量便会增加，长期滨溪植物的流失会导致河岸侵蚀，河宽变宽，宽深比增加（Hartman 等，1987，Oliver 和 Hinckley，1987，Shields 等，1994）。若滨溪没有植物覆盖，夏季水温会升高，冬季水温会降低。让大型枯倒树木（由伐木引起，与自然现象的枯倒树木不同）进入河川有可能会导致流况改变，或造成边坡、河床侵蚀。

此外，移除大量树木可能会减少野生动物可利用的洞穴，改变其它生态系统，并导致动物栖息地消失。

2. 林产运输

森林里的道路（林道）就是要用来方便木料的运输，也就是创造一个可以移动木料的“拖运道路”。

移除表土、土壤紧密及机具干扰或木料拖运都有可能造成河川廊道长期的生产力流失、孔隙率降低、入渗量降低、径流和侵蚀增加等。机械溢出的油料也会污染土壤，小径、道路或木料集中处会截断地下水并且导致径流增加。

机具对于土壤的扰动会造成覆盖、食物等损失，也直接影响生物栖息地，沉积物可能会阻塞鱼类栖息地，使河宽变宽并且加速侵蚀。

3. 基地准备

典型的基地准备是为了种植想要的树种，利用计划性的焚烧或其它方式清出一块适合的种床，同时，减少不想要的树种竞争。

使用机具虽然可以移除所有的竞争物种，但是也会使土壤过于密实，导致入渗量的减少以及径流、侵蚀的增加。木料集中移除就等于移除土壤中重要的养分一样。移除的方法非常重要，必须特别注意重要的土壤有没有随着木料被带走，或跟着木料一起被堆存，因为这会影响土壤的生产力。

计划性焚烧时，如果火势不强，松动的养分质可以快速地被植物吸收；但是火势较大时，重要的养分会挥发掉，而释放到河川中的养分也有可能过量。

剧烈的机具扰动会导致严重的侵蚀和沉积现象。相反，少量的机具扰动可以增加土壤有机质含量，入渗量也会增加。每一种方法都有优缺点。

野生动植物的死亡、栖息地的减少、生物多样性的降低都有可能会在基地准备阶段发生。不当使用机具亦会直接损害边坡和导致侵蚀。

（四）家畜放牧

在多数国家，家畜的饲养十分普遍，猪、羊、牛皆属家畜。而家畜的管理系统又是很薄弱的一环，所以必须注意家畜会不会对河川过度使用，进而产生干扰。

（五）矿业

煤矿或沙石的开挖、加工，无论是表面或深层开挖都会影响河川廊道。

1. 清除植生

矿业通常会移除矿区大面积的植被生物，以方便运输设备、加工处理、矿渣处理等。缺乏植被生物覆盖将导致水温升高，使得水中植被生物减少、水质不佳，进而对陆生动物产生不良影响。

2. 土壤扰动

运输、架台、装货、加工等行为都会影响土壤情况，包括表土的流失和土壤压实等。直接的影响是有生产力的土壤面积被矿业取代，矿渣的堆放也会减少土壤的可用面积，并导致入渗减少、径流增加、侵蚀加剧及沉积物增加。

3. 水文改变

过度的矿业开采会改变水文情况。地表开采对土地开发利用的影响有可能比城市化的影响更大，径流增加和地表糙度的降低会使洪峰时间提前，常年有水的河川很可能因为基流量的减少而变成间歇性或暂时性的河川。

4. 污染

很多含硫的矿物（例如黄铁矿）氧化过后会造成土壤和水污染。多数坚硬石矿存在于硫化物的下面（铁或有毒的铅、铜、锌），暴露在水与空气中，经过氧化作用后会释放出酸性物质。常用于分离金矿的汞也会倒入水中。如今，矿区在进行河床疏浚时有时可以检测到汞的存在。

有毒的径流或降雨使滨溪的植物消失，耐受性高的物种取而代之。

酸性物质会让河床沉积含铁的沉淀物，影响底栖生物的栖息地和觅食机制。pH 值过低会产生毒性，河床沉淀物可能会降低鱼卵孵化率。

（六）观光游憩

观光游憩的影响范围包括土壤型态、植被生物覆盖、地形及使用强度。游憩活动中，人的踩踏和交通工具会影响边坡植物和土壤结构。交通工具有可能加速侵蚀和减少栖息地面积；健行者和游客则会踩实土壤，影响入渗、径流及沉积物（Cole 和 Marion，1988），而滨溪的健行道路若过度使用，则会导致边坡植物受到破坏、河道变宽。

当河里可以行船时，船的螺旋桨会影响底床质，加快边坡的侵蚀速率，也会干扰一些敏感的水生物种，船上的垃圾或设备产生的废物都会造成污染。

不论是集中式或分布式的游憩行为都会对河川廊道造成干扰，影响其生态功能，尤其是露营、打猎、钓鱼或划船等活动，对鸟类来说都是很剧烈的干扰。因此，游客的需求是影响生态的第一号杀手。

图 4.6 为南势溪的划船游憩活动，虽然不是常态性的游憩活动，但若过于频繁的活动，则会形成干扰。

图 4.6　河川廊道的划船游憩活动——南势溪
（拍摄者：胡通哲）

（七）都市化

集水区的城市化是对河川恢复规划与执行者很大的挑战。最近的研究资料显示，城市集水区的基本特质和河川森林、郊区或农业区的河川有很大的不同。集水区不透水表面的面积就是一个最明显的例子，一个地区的不透水表面积如果超过 1/10，其中的河川状态通常不会很好，不透水面积越大，河川状态越不佳（Schueler，1995）。

暴雨时不透水表面的径流量大是城市型河川的特征。依据不透水面积的比例，径流量可能高于入渗量 2～16 倍，地下水补给也会依比例减少（Schueler，1995）。因此，城市型河川通常需要特别的恢复计划，如上游地区的开发状况计划，因为这牵涉到上游的储水能力。有时城市化河川的恢复，具有特别的价值，因为能够引起社会大众的注意与共鸣，得到特别关注，比较容易募集所需资金。

图 4.7 是在淡水河的河中拍摄的，从河川看人口稠密的都市，是一个大的干扰，但是拥有众多人口的都市畔河川，进行河川恢复往往可以得到高度重视。

图 4.7　人口稠密的城市恢复获得社会高度重视——淡水河（拍摄者：胡通哲）

1. 水文改变

城市化使得发生大洪水的几率增加，例如 1 年半到两年重现期的洪水发生概率增大。另外，常承受满岸流量的河道要能承受侵蚀速率加快的风险（Hollis，1975；Macrae，1996；Booth 和 Jackson，1997）。

因为入渗量减少，地下水也随之减少，所以通常城市河川在旱季的时候，基流量也少（Simmons 和 Reynolds，1982）。

2. 渠道改变

城市河川通常会通过加宽渠道来增加过水面积，有时候也会改变河川的坡度或蜿蜒度（Riley 1998）。城市河川以防洪为治理的重点，上游河川在暴雨期间通常成为排洪道，渠底有时会设置下水道。

湿周（枯水期时，水占横断面周长部分，Wetted Perimeter）是城市河川重要的栖息地指标之一。横断面积越大的河川，基流量就会少，湿周也会变小。总而言之，很多城市型河川的流况都是低水、低流量地蜿蜒于河床之上，暴雨时通常会改变流路中心的位置。

3. 沉积物和污染

城市河川的侵蚀率是很惊人的，开挖建设工地所产生的沉积物对河川影响甚大。城市河川的沉积量通常比非城市型河川大。

暴雨时，城市水质通常也较差，因为城市的径流通常有污染（沉积物、碳化物、养分和微量金属等）（Schueler，1987）。虽然暴雨带来的污染对水生物体是否有毒害尚有争论，但是多数研究者都认为河床的污染会对河川造成破坏。

4. 栖息地和水生物

城市河川的栖息地品质通常很差，缺乏深潭和浅滩。水浅、边坡不稳定或侵蚀及经常性的河床扰动都是造成河川品质差的原因。

大型枯倒树木是很重要的栖息地环境，城市型河川非常缺乏此类栖息地（Booth 等，1996；May 等，1997），主要原因是滨溪林的缺乏、暴雨的冲刷及渠道维护措施的实施。

此外，很多城市开发行为会横跨河道，如桥梁道路、下水道及管线。横跨的数目越多就表示不透水的面积越多（May 等，1997），阻碍鱼类的溯游行为。

滨溪林在生态中的角色常常被开发行为所取代（May 等，1997），虽然会有缓冲带的保护，但原生种常常会被外来种的树木、藤蔓及地表植被等所取代。

温度是河川中生物和非生物交互作用的主要影响因子。城市河川的不透水表面、池塘及滨溪林的贫瘠可导致夏季水温升高到 2～10℃（Galli，1991），对水温敏感的物种将会受到相当大的影响。

城市河川中的鱼类和大型无脊椎动物通常很少（Schueler，1995；Shaver 等，1995；Couch，1997；May 等，1997）。鱼类的群聚和水生物的多样性通常需要一个良好的环境，碳源的供给不足、温度不良、水文环境不佳、栖息地结构缺乏及障碍物的存在都无法营造一个良好的生态环境。

5. 土地使用的潜在性影响

很多干扰都具有累积性与增强性。综观上述的干扰，在规划一个河川廊道恢复方案时，仅须选择最能立竿见影的项目着手。进行一些简单管理所导致的改变，例如在农田内

规划一个保护缓冲带或管制家畜靠近水岸，大体上都能降低人为的影响。图 4.8 为台湾中部北港溪畔的畜牧农舍，里面蓄养猪与鸡，像这样没有缓冲带的情形，容易使粪便及污染物进入河川，因此适当的缓冲带是有必要的。

图 4.8　农产畜牧行为离河岸应有一段缓冲带——南投县北港溪畔的畜牧活动（拍摄者：胡通哲）

第五章　问　题　界　定

在进行河川廊道恢复规划前，必须先充分了解目前廊道中的各项资源状况，进而对问题详加描述，包括亟待改善的问题是什么、恢复后能受益多少等问题。虽然问题的理清与界定很困难，但仍是进行恢复规划时最重要的步骤。

一、资料搜集

资料搜集与分析在整个修复计划的执行过程中扮演相当关键的角色，对于决策方面亦非常重要。相同的数据分析技术常被运用在问题界定、替代方案选择、设计、执行及监测等不同阶段。因此，资料搜集与分析是整体且不可或缺的一环。如何界定现存河川廊道的环境、了解造成环境损伤的原因、或是描述问题等过程，皆需以此为首要工作。

在资料搜集方面，需由技术团队发起，与顾问团队及决策者磋商后，确认技术层面与制度层面可能的数据需求。另外可通过公开讨论会的方式，将民众的观点与看法纳入考虑。数据需求的目标确立后，应以能够普遍提供河川环境的基础性信息、历史信息、社会经济文化层面等的信息。而在包括遥测、历史图层、航拍图、环境与生物资源的调查与评估模型等多种技术的辅助下，所搜集的数据除了可用于技术团队分析使用之外，也可使民众对环境有所了解。

（一）基础数据

恢复工作的进行，必须对基础状况有一定程度的了解后才能为之，事实上，目标方针的确立也需借助基础数据。由于自然环境的变动，必须持续监测河川环境，因此基础资料可以提供一基准点供未来环境变化比较，基础资料搜集的项目见表 5.1。

（二）历史资料搜集

河川廊道随时间的变化反映着人为与自然的持续干扰，因此界定历史情况有助于了解现状。搜集物种与生态系统的背景信息，或是土地利用、河床型态和植物覆盖形式等信息以及地图、照片、当地人的访谈记录皆有助于了解过去与预测未来。

（三）社会、文化、经济层面数据搜集

除了物理化学和生物数据，社会、文化、经济层面的数据也不可或缺，这些数据并不足以驱动整个恢复工作，但对于提高民众的接受度、增强沟通协调及稳定维护管理等都很重要，这类数据可以避免因误解或错误信息导致的工作脱轨。

（四）资料搜集顺序

虽然以上资料皆很重要，但企图搜集所有的资料并不实际。预算与技术上的限制，通常局限了资料搜集的数量。因此，对于技术团队、顾问或是决策者而言，对资料搜集进行优先级排列是相当重要的。

表 5.1　　基础资料搜集的项目

资料分类	资　料　项　目
自然环境类	河川流域范围、河川集水区范围、河川分布、25m 等高线状况； 水位流量站状况、含沙量站；河川断面测量点位置图、行水区域线、水道治理计划线、水道治理计划用地范围线；河川生物栖息地分布
自然资源类	保护区范围
生态调查类	鱼类调查数据、虾蟹类调查数据、植物调查数据、鸟类调查数据、两栖类调查数据、爬虫类调查数据； 水域调查样站站况、陆域调查样站站况
环境品质类	河川水质测站站况
土地类	河川空间利用状况
交通网络类	跨河桥梁位置、各级道路网
公共设施类	堤防、护岸、堰坝、地表取水口位置
基本地形图	行政界线、照片基本图影像

资料来源：参考河川情势调查规范作业准则（草案）。

二、资料搜集工作项目

（一）物化环境数据

（1）水文资料：包含雨量记录、流量记录等。

（2）地文资料：包含河川形状因子、宽度坡度、河床质、断面资料和地质状况等。

（3）水质资料：包含现场可测定的关键水质参数（如温度、浊度、溶解氧、电导度）与需要在实验室才能检测的项目（如生化需氧量、总磷与氨氮）。通常在台湾的高山溪流，若污染不多，仅搜集物理性水质项目即可。

1. 水温检测方法

现场水温的测定可使用经校正的温度计现场测定或其它适用于温度测量的仪器测量（如定时自记温度感测棒）。

2. 浊度检测方法（浊度计法）

现场以浊度计测定水样的浊度。

3. 溶解氧测定

采用溶解氧计现场测定。

4. 电导度测定

使用电导度计法现场测定。

5. 生化需氧量

水样在 20℃恒温培养箱中暗处培养五天后，测定水样中好氧性微生物在此期间所消耗的溶解氧（DO），即可求得五天的生化需氧量（Biochemical Oxygen Demand，简称 BOD_5）。

另外，尚需搜集河川的流速，水深与河床底质资料，可采用穿越线法进行测量（图

5.1)，通常每隔 1m 记录该处的水深、流速，并用脚踏河床底质，估计其组成概况。

图 5.1 河川流速、水深测量（穿越线测量法）
（拍摄者：胡通哲）

（二）生物数据

1. 水域生物

（1）鱼类调查。鱼类的调查采用电器采捕法，利用电鱼器间歇放电采集，调查样区为下游河川左岸 100m。若在左岸作业有困难，则调查人员依现场情形调整为右岸。若采取之字形前进，则岸际直线距离为 50m。采得的鱼类马上鉴定种别，计算数量，测量鱼体全长，随后立即将采得的鱼类放回溪中。若有虾蟹类则经过辨识、测量体重后释放。若水深过深，人员无法进入河道，则采用投网法采集。

（2）水栖昆虫调查。利用苏伯氏采集网（Suber Net Sampler）筛取。在各种流况下采 3 网河床底泥，水栖昆虫采集在沿岸水深 50cm 范围内撒网。将筛得的水栖昆虫以竹夹子采取，并置于浓度为 10%的福尔马林中，带回实验室进行分类鉴定。

（3）虾蟹类调查。为保证采集种类的完整，需在每一调查样站另外架设小型虾笼辅助采集，这是虾蟹类调查的主要方法。使用电器采捕法采集鱼类时会采集到部分的虾蟹类，可作为补充种类加以记录。

（4）螺贝类调查。螺贝类调查包含在水栖昆虫网（50cm×50cm×3 网）的范围内搜集到的种类。若肉眼可见水栖昆虫网旁边（靠水岸的）有螺贝类，可以 $1m^2$ 为样区进行采样。

（5）水生植物—附着性藻类调查。附着性藻类样品的采集方法为取水深 10cm 处的石头，以细铜刷或毛刷刮取 10cm×10cm 面积上的藻类，经打散、溶解、过滤后。带回实验室鉴别种类，查明数量。

图 5.2 白腹游蛇（宜兰县圳头坑溪捕获）
（拍摄者：胡通哲）

2. 陆域生物

（1）鸟类调查。鸟类调查采用穿越线法加圆圈法。沿河旁有路的地方设穿越线，穿越线长度为 1000m，样点间距为 200m，总计设置 6 个相距 200m 的样点，调查时以目视法辅以声音进行判别，记录种类、数量。

（2）爬虫类调查。爬虫类调查采用类似鸟类调查的穿越线法进行调查，但穿越线长度为 500m，记录爬虫类的种类、数量及其出现的栖息地等。针对蛇类等夜行性种类，则须进行夜间调查。图 5.2 为一尾白腹游蛇，此种蛇类在

水中行进速度极快，是作者在宜兰县调查鱼类时，一并捕获的。

（3）两栖类调查。两栖类调查采用类似鸟类调查的穿越线法进行调查，但穿越线长度为50m。调查时间为天黑后以探照灯目视寻找，配合图例进行鉴定。

（4）植物调查。陆域植物调查样区为在水岸线往两岸延伸范围内，选择两个具有代表性，也就是较原始或未开发的区域为样区。

三、河川廊道现状特性描述

如同人体健康常以血压作为判定指标，河川廊道的结构、功能及相关的干扰等一系列因子的量化值，常可作为判定河川现状的指标。

必须考虑的因素如下：

（1）水文。

（2）冲蚀与泥沙生产量。

（3）河滩地。

（4）滨溪植被。

（5）河道演变历程。

（6）连续性。

（7）水质。

（8）水生与滨溪物种及其栖息地。

（9）廊道尺寸（空间大小）。

就河川廊道的结构与功能而言，最终目的在于建立恢复目标，量化最终要达成的生态环境状况。

四、比较现状与未来要达成的状况

问题理清与界定的第三步骤是定义河川廊道的问题与可能改善的机会，并界定建立何种恢复目标，并比较未来要达成的状况与现状，以辅助恢复工作的进行。

图5.3　南势溪拦河堰遗址
（拍摄者：胡通哲）

确定客观的参考状况并非易事，但却是处理河川廊道恢复问题所不可或缺的。已发表的文献可提供建立参考环境的有用信息；水文数据可用以描述自然流况与泥沙沉积状况；水力几何关系可确定河道容积、型态及剖面；土壤调查资料可解释生态环境的长期土壤组成；动物、植物物种目录与其对栖息地需求的相关文献，提供了在不同栖息地特性与地理范围下动物、植物分布的有用信息。

多数情况下，理想环境状况的建立常需依

据有代表性的河段，也可根据残留地貌、历史照片、调查记录等来帮助了解。同样的，也可根据邻近地形背景相似但受自然与人为干扰影响较小的河川廊道环境来建立。

南势溪拦河堰遗址见图 5.3。

五、分析河川干扰因素

对于造成河川环境与栖息地恶化的干扰因素，要进行彻底的分析，以确定适当的管理措施。当进行影响因子分析时，可从下列两个尺度着手。

（一）地景尺度

在分析地景尺度时，需要考虑对河水、输沙率及污染源产生干扰的因子。例如在冲积河道中，当运送至河道的泥沙量与河川泥沙运载力的平衡被改变时，将会造成明显的河道变化。

集水区对于河川影响的分析常借助水文、水力及输沙模型。分析结果可能非常精确也可能仅是定性描述，完全视可获得的数据多少而定。例如常以数值径流模型的演算来判定因土地利用改变所导致的洪峰量改变等。而这些模型的演算成果须经过谨慎的检验与验证，确定其可靠度。

（二）河川廊道尺度

一般而言，河川廊道结构特性与功能会受以下重要因素的影响：

(1) 溪床植被的移动与改变，将会使河床稳定性、污染传输、水质及栖息地特性发生改变。

(2) 河流形态的改变，将会使水生或滨溪栖息地被置换。

(3) 河道内的改变，如建设桥墩、堰坝等，将改变河川尺寸、输沙特性及水质等。

总而言之，改变滨溪植被或改变河道与河滩地，常是使河川廊道结构与功能受损的主要因素，针对造成问题的真正原因来着手，才能提供河川廊道恢复工作最可行的途径。然而，一旦面临滨溪植被或物理问题的恢复工作，可以解决的办法相当有限。

值得注意的是，没有任何一套简单的分析工具可以全面了解影响河川廊道环境的干扰因子和功能结构的关系。在进行问题分析时，研究不同尺度生态系统的互动是非常重要的。这类的研究分析可能是主观的，也可能是经由推演方式进行的，因此有必要组织一个跨领域的技术团队。

六、管理措施

当对河川环境现状与造成问题的原因有所了解后，剩下的关键问题就是明确采取了相对应的管理措施之后会有多大的改进。

某些特定的管理因子可帮助维护与改善河川环境，但可能并不属于先前所确定的干扰因子。以河岸冲蚀为例，对于造成此受损环境的原因可能被界定为不当的土地利用，造成较大的输沙量、滨溪植被流失。然而，就管理影响的角度而言，若较大的流量和泥沙产量是因不当的放牧管理所造成，改变放牧管理的方式即可有效减缓河岸冲蚀的问题。

南澳泽蟹
小鲻虾虎
宜兰泽蟹
大和米虾

因此，决定适当的管理措施是恢复工作的重点。了解过去管理行为所造成的影响，避免同样错误的重复发生，进而可促进未来系统对可行方案的反应。确立管理措施的角色与分量，是评估河川自我修复能力必须考虑的，同时能使恢复工作的焦点更加清晰。

七、陈述问题

问题理清与界定的最后一步是以简要的方式陈述问题，进而推动恢复工作。简要的叙述不仅能使恢复工作重点突出，且能提供明确的目标、建立良好的基础，决定恢复工作的成败。为达到最大效率，简要的叙述通常具备以下两个特点：

（1）以量化数据明确地描述受损的河川环境。

（2）描述目前受损的河川环境与未来要达到的状况之间的差距。

第六章　组　织　动　员

一、组成顾问团队

制定河川廊道恢复计划的初始阶段，最重要的工作之一是组成顾问团队。所谓的顾问团队或咨询小组，是由关键性参与者和利害关系人组成的，包括平民、公益组织、经济利益团体、政府官员以及其它有兴趣或是可能会被恢复计划影响的组织或个人。广泛地参与程度可以确保整个恢复工作的过程不会被私人利益所左右。而对于当地民众，应该以办理公众参与集会的形式，告知他们民众力量的价值与权力，以作为决策考虑的优先指导。

顾问团队的组成常基于下列因素：

（1）制定恢复工作计划。

（2）协调计划的执行。

（3）界定民众感兴趣的议题。

（4）提供多元的观点和见解给决策者。

（5）确保当地所重视的价值被列入恢复计划中。

顾问团队的角色是为决策者（如政府机关团体、个人等提案人）提供建议，使其开展恢复计划，执行并扮演协调的角色，但顾问团队不会是最后的决策者。因此，成员们必须确实了解所面对的议题，以提供实用可行的建议来取得共识。通常决定顾问团的组成人员是决策者的责任，可通过发布新闻稿、写信给相关团体、发表公开声明，或是直接寻找潜在的合伙人来确定参与者。一个顾问团的团体数或人数是很难明确量化的，但通常顾问团的规模不能太小以避免导致无法代表所有相关方的权益，而那些被排除的团体有时候会破坏甚至企图终止恢复计划的进行；太庞大的顾问团队容易则产生管理问题，不利于达成共识。

平衡适当的顾问团队常需包括以下团体代表：

（1）私人团体。

（2）公益组织。

（3）政府官员。

（4）经济利益团体。

不论参与者的人数是多少，都要注意一个恢复计划通常需要两至三年的时间，并且不是每一个计划都会成功。有些时候计划的失败往往只是单纯的时间性问题，例如计划时间太短，不足以让自然环境恢复其自愈功能。因此，所有的参与者要建立符合现实的期望。

二、组成技术团队

规划和执行恢复工作，需要高水平的知识、技术及专业判断能力。对于某些特定的议题，除了顾问团队之外，通常还需要组成特殊的技术团队或是小组委员会以提供更详尽的信息。

一般而言，需要组成跨领域的技术团队以提供不同机构或部门的信息与技术。跨领域的技术团队能从不同的学科与背景出发，提供重要的信息和见解，没有任何单一的文件、手册或训练课程能够提供规划、设计及执行河川廊道恢复工作所需的技术背景和专业判断。一个有经验且具备广泛技术背景的团队是有必要的，这个团队需要包含工程与生物学科的专门技术人员，尤其是水域生态、陆域生态、水文水力、河流形态及输沙等方面。

技术团队的成员作为不同机构部门、群众或私人所关心事物的代表，团队的组成根据所需完成的任务形式而定。团队成员也可同时属于顾问团队或是决策团体。

协助恢复工作开展的技术团队需担负以下责任：

（1）获取财务资助。

（2）协调群众需求。

（3）提供科学支持，包含分析、设计、执行恢复方案与监测。

（4）研究需要审慎处理且可能会影响恢复功效的法律、经济和文化议题。

（5）协助在文件中所列出的恢复规划和执行过程的形成。

值得一提的是，技术专门团队常扮演决定恢复工作成败的角色。例如，恢复工作的开始可能包含具有争议性且涵盖文化、社会等复杂层面的资源管理和土地利用等考虑，而有关农牧活动、水权或对某些活动的限制，如伐木、采矿等议题亦可能会被进一步提出。在这些案例中，只有在管理规划、政经法律议题上具有专门技术的人，才有能力来防范恢复工作脱轨的现象发生。

技术团队最重要的功能在于能让顾问团队或决策者有足够的信息来发展恢复目标。顾问团队将能够整合技术团队所分析的结果与所提供的信息，包括影响河川廊道结构与功能、政治社会经济等操作因子，进而辅助界定周密完善的恢复目标。

三、确认资金来源

确认资金来源是在初期阶段中，向有效率的河川恢复工作前进的重要步骤。所需的资金可多可少，且可能来自许多不同的出处，可能是来自政府、慈善机构、非政府组织、土地拥有者、协会或是自愿赞助者。无论资金的来源为何，可以确定的是，凡赞助者几乎都会影响恢复工作的决策。

四、建立决策组织和联系点

一旦顾问团队和适当的技术团队形成后，接下来的重要工作就是要建立决策组织与各

团队间的联系人员。

如前所述，顾问团队扮演的是主动规划和协调的角色，但不会影响到最后的决策。主要的决策权力是掌握在利害关系人或主管机关手中，然而顾问团队扮演的是提供不同恢复方案选择的建议和信息给决策者的角色。

值得注意的是，决策团队和顾问团队是由感兴趣的人或组织所组成。因此，两个团队皆须要拟定基本的草案来帮助决策与沟通，以下的规则也许会有帮助：

(1) 挑选指挥者。

(2) 建立基本章程。

(3) 确定规划预算。

(4) 安排技术团队。

为了建立决策组织、赞助者、顾问团队及小组委员会的联系方式，需要由容易取得联系且具备有力联络方式的人来担任联系人，这些联系人在恢复过程中扮演帮助不同组织间沟通的重要角色。

五、信息分享与参与

(一) 接收反馈的信息

在接受信息方面，必须直接和地主、资源使用者及其它相关的团体协商，并要求他们加入恢复工作的规划过程，否则，很有可能导致后续阶段的反对意见。私有地地主通常是恢复工作中最大的利害关系者，某些恢复工作可能会使地主的个人资产受到风险或是变为公用。因此，将这些利害关系者的意见纳入决策过程会是最佳的做法。

(二) 持续知会参与者

除了从相关的参与者处取得信息之外，也必须要随时告知这些参与者目前恢复工作所处的状况，这同时也是对社会大众很好的教育宣导，可作为其它恢复计划进行的参考。

(三) 信息分享

虽然有很多种工具可被用来作为信息分享媒介，但考虑所处恢复过程的阶段，应于最适当的时间选用最适当的工具。例如，若是在恢复计划的初始阶段，通过网页或通信报等方式提供背景信息给参与人员，可有效帮助感兴趣的团队提出议案与提供支持。反之，当恢复工作已确立且进行时，公众听证会常能作为广纳不同考虑下选择方案的意见平台。

在选择工具时需考虑以下因子：

(1) 个别技术的优缺点；

(2) 成本、时间与人事需求；

(3) 社会的接受度。

再者，无论选择了何种工具，随时征求各个参与者的建议，并让相关团体了解恢复计划进展，这在整个流程是非常重要的。美国的跨局跨部门生态系统管理工作小组（Interagency Ecosystem Management Task Force）（1995）提供了下列建议，以供寻求适当的信息分享工具。

(1) 定期的通信告知民众计划进行过程。

第九届海峽兩岸水利科技交流研討會
主辦單位：中國水利水電科學研究院　臺灣大學
承辦單位：水利部海河水利委員會
協辦單位：美華水利協會　天津市水利局
天津大學

坪林五號防砂壩魚道 陷阱

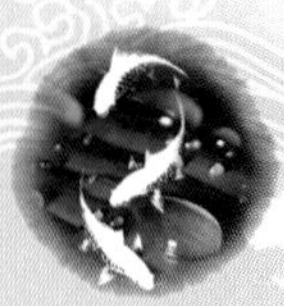

(2) 地主与民众团体定期讨论会。

(3) 听证会。

(4) 现场参观。

此外,因特网与网页等创新通信技术也不能被忽略。

六、记录过程

成立组织的最后一个要素就是记录各种不同事件发生时的状况。虽然当恢复计划完成时,各个恢复过程的结果终究会被记录下来,但在事件发生同时的追踪记录也是相当重要的。确认需要记录的重要恢复事件,以及如何记录这些过程的有效率的方法——使用恢复清单(Restoration Checklist)。恢复清单可由顾问团队或赞助者来负责,作为随时知会参与者目前恢复工作进行状况与后续工作的导引。

第七章　制定目标与替代方案

当已经完成前述的基本步骤，也确认了相关的问题和对策后，接下来的两个步骤为：

（1）制定恢复目标和与目的。

（2）选择替代方案。

所有参与者包括顾问团队或咨询小组、决策者及技术团队都必须全部投入。无论在选择替代方案或设计阶段，保持工作连贯性是很重要的，换句话说，计划者必须保证工作流程的逻辑性、弄清楚问题和对策、恢复目标及目的、设计之间的关系。

恢复的计划过程可能就像恢复河川廊道的实施过程一样复杂。一项工程可能牵涉许多土地所有人和决策者，可能非常简单且过程流畅，但也可能非常复杂，无论如何，适当的计划是成功的要素。一开始就制定适当的计划，可节省整个工期的时间和金钱。通过管理找出问题的原因比处理问题更为重要。

本章分成两个部分讨论：①确定目标和目的；②替代方案的选择与设计。

一、恢复目标与目的

河川廊道恢复发展目标与目的，需根据针对问题与对策的判定与分析。目标的决策应该综合考虑现状情况和未来要达成的状况，包括河川廊道的结构功能和重要政治、经济、社会及文化价值的整体关系。下面介绍制定基本目标、目的的过程。包括：

（1）确定希望达成的状态。

（2）判定尺度。

（3）判定栖息地改善的限制与项目。

（4）确定恢复目标。

（一）确定希望达成的状态

确定目标和目的应该从一个粗略的轮廓开始，如前面所讨论的先确定出河川廊道和周围地景将来期望达到的状态，其中将来的状态应该是全部参与者的共同目标。此概念可作为目标与目的的基础及指导策略的修正。

希望达成的河川廊道状态应该与恢复的生态目标一致，也要尽可能将系统导向动态平衡或具有适当的功能状态。

对所有参与者而言，愿景的论述为他们提供理清问题的机会，也就是他们对生态方面的期望究竟有多大，此愿景最终会与社会、政治、经济及文化价值相互结合。

（二）判定尺度

在进行河川廊道的恢复时，考虑和处理尺度的问题是确定目标和目的重要过程。河川

廊道恢复的尺度可小可大，小到一段河岸，大到大型流域廊道的管理，重要的是达成共同认知。任何一个滨溪生态系统的功能或地景的生态系统都不是单独运作的，而是相互联系的。因此，确定目标与目的必须与河川廊道以及周围的地景相互切合。

1. 地景尺度

河川廊道中进行技术性考虑时，通常涵盖地景尺度与河川廊道尺度。这些考虑可能包括政治、经济、历史及文化价值；自然资源管理考虑；及生物多样性（Landin 1995）。以下是和地景尺度相关的重要问题。

（1）区域经济和自然资源管理考虑。先了解和恢复相关的区域经济的优先考虑是什么，自然资源管理的目标是什么，确认之后加以评估。重要的是恢复目标和目的要能清楚地反映出本地居民和邻近居民关注的焦点，就像资源政策优先要对管辖地的目标区域负责，并且提供适度的支持。

在很多已开发国家，恢复行动可能是由一般社会大众所发动的，也就是大众都了解河川廊道能提供修复并且保护自然环境的契机，同时也会带来大量的工作机会。在荒野地区，河川廊道恢复可能被当作全面生态系统管理计划的一部分，或者用来满足特殊濒危物种的需求。

（2）土地使用考虑。河川廊道的大多数特性和功能是由集水区的水文与地质状况所决定，特别是集水区影响到河川本体、沉积物运移及养分与污染物的输入（Brinson 等，1995）。

如前所述，土地使用的改变与发展需要特别注意，尤其是会造成河川系统中迅速的洪水变化，河川结构与植被群落分布的水文状态也会因此改变。例如，河川廊道要储存多少水量、养分，或者能够提供多少野生动物的栖息地以及休闲娱乐的机会等。

地景所关注与河川廊道复育发展有关的目标和目的，也应包括土地使用的评估和集水区的发展趋势。透过协调或管理将来的土地使用和发展模式，可以避免河川廊道的品质下降。

（3）生物多样性考虑。廊道可在不同的区块和生态系统间提供连贯的通道，常被当做维系地区生物多样性的主要法宝，动物容易移动（特别是大型哺乳动物），避免造成动、植物族群的隔离。不过为了达成河川廊道的效能与目标，衍生出不适当的廊道规划，还是存在争议的问题（Knopf 1986，Noss 1987；Simberloff 和 Cox 1987；Man 和 Plummer 1995）。

当河川廊道恢复在地景尺度上被当做一个起连接作用的通道，管理的目标和选择应该反映出自然的植群分布情况，并且尽量提升生物多样性。在过去的很多实例中，恢复背后的驱动力是保护濒危或特定的物种，在此情况下，部分恢复计划的目标直指特定物种的生存需求，但就整体目的而言，则应涵盖各种类的族群。

2. 河川廊道尺度

任何一条河川廊道的恢复都是独特的，无法用统一的技术规范限制。一个多重生态功能的恢复计划可能包含河道系统、现存的河滩地、漫流高地或临近小山坡，以及其它缓冲带，这些都会直接或间接的影响河川，甚至能保护河川免受周围土地使用的影响（Sedell 等，1990）。宽廊道可能包括多种类型的生物群落和多项河川功能（洪水和沉积物贮存、养分输送过程、鱼类和野生动物的栖息地等），这些都是恢复所努力的目标。不过在许多案例中，河川廊道常常无法恢复为原来的宽度，或只能集中在河道沿岸较窄的地带。

当狭窄廊道位于城市或者农业环境中，部分功能可能被恢复（例如河川的遮阴），但是其它功能可能就无法恢复（例如野生动物移动）。

廊道结构和恢复方案的选择，在一定程度上受廊道内土地使用状况的影响。在美国横跨农田的廊道会引起很多土地所有者的关注，有些也许会对恢复方案产生兴趣。

如果没有奖励，土地所有都不会愿意减少生产面积或改变土地使用方式。在城市里，公民可以强烈表达关于恢复目标与廊道型式的意见。对于大型的公有土地，管理机构在建立和管理河川廊道和集水区时则较少碰到问题。但是在不同利益的竞争（例如伐木、放牧、矿业、游憩）之下，要达成恢复目标常会遇到困难。在多数情况下，廊道最后的结构会以多方面平衡为主，包括生态结构、功能的最佳化、土地所有者接受及满足其它参与者多样化的需求，但其实有时会与恢复目标相抵触。

3. 河段尺度

河段是河川廊道设计和管理的基本单元。在建立恢复目标和目的的过程中，每条河段都要评估地景与个别特性，以及对河川廊道功能和完整性的影响。例如，如果在河段旁有一陡坡，必须考虑其潜在产生的径流量、地下水、沉积物、枯倒树木或其它输入物。另一河段也许特别活跃，与河道变迁相关，也有可能扮演在河川动态中扩展廊道和其它河段关系的角色。

（三）判断栖息地改善的限制与项目

一旦参与者对于想达成的未来状态和设定尺度已经达成共识，接下来就应该开始注意恢复的限制条件和项目。可在建立具体恢复目标和目的时，把有关的限制理清。此外，如能了解恢复的限制条件和问题，可以提供整合生态、社会、政治及经济价值所需要的信息。

由于潜在的挑战很多，必须依赖各学科间技术团队的合作。技术团队成员彼此支持，并且在调查潜在的限制条件时，提供关键的专门技术和经验。下列恢复限制条件和问题，包括技术性和非技术性的，都应该在确定恢复目标和目的的过程中加以考虑。

1. 技术性限制条件（Technical Constraints）

技术性限制条件包括数据的可用性和恢复技术。就数据可用性而言，技术团队重要的任务就是搜集河川廊道结构与功能数据，并分析数据的可用性。分析数据可以了解信息是否有间断，充分掌握可用的信息有助于推进恢复过程，即使部分信息不易获得，也应该注意搜集已出版的技术资料与公务机关内未发表的原始资料。

除了数据可用性之外，另一项技术限制就是用来分析所收集数据的工具或技术。若某些分析技术和方法不够完整，可能不足以实施恢复工作。一般来说，现有生态技术、生态工程（法）或分析方法等相关的移转、传播，与现有的信息基础差别很大，专精于此领域的人员有时也不易接触到足够资料量的信息。对技术团队而言，重要的是必须时时更新恢复技术，必要时通过适当的管理措施来执行计划。

若要成功地实施河川廊道计划，品质保证（Quality Assurance）与品质控制（Quality Control）亦非常重要，取决于以下内容：

（1）有效和准确的使用现有的数据和信息。

（2）收集需要的新数据，并且确认精度和正确性。

（3）解释数据，包括把数据转换成对计划有益的信息。

（4）以当地为主且自动自发的态度。

品质保证或品质控制都不是新观念，当投入了时间、材料及金钱，大家都会期望有效地达成目标并具可靠的成果。若有许多合作单位、志愿者及其它不直接受计划项目组控制的人参与时，修复计划应该要包括品质保证或品质控制（Averett 和 Schroder，1993）。

很多标准、规范及协议的存在可确保恢复计划中的数据质量与可靠性（Knott 等，1992），包括以下内容：①采样；②野外分析的设备（图 7.1）；③实验室测试设备；④标准程序；⑤训练；⑥校正；⑦文件档案的编制；⑧复审；⑨授权；⑩检查。

恢复工作的品质保证或品质控制可通过以下内容确保（Shampine 等，1992；Stanley 等，1992；Knott 等，1993）：

（1）训练并且确保所有人都能完全了解他们需要肩负的任务。

（2）能按时提交成果，并且符合计划的目标和目的。

（3）当分析监测结果显示需要修正时，建立可补救的程序或者适合的管理方式。

图 7.1　可携式水质测量仪器
（拍摄者：胡通哲）

2. 非技术性限制

非技术性限制条件包括经济、政治、制度、立法与规章、社会及文化等限制条件，还有现在和将来的土地和水的使用问题。以上任何一项限制条件对恢复行动产生的影响都无法估计，有可能会改变、延迟、甚至使计划完全停滞。因此，在确定恢复目标和目的之前，专家顾问团队或咨询小组和决策者首要的行动是先任命一个技术团队调查并讨论这些问题。

以下简单讨论非技术性限制在恢复行动中扮演的角色。虽然有很多例子和案例研究可以提供相关经验，但每个问题仍有细微差别。

（1）土地和水使用的冲突。土地和水的使用常有冲突。例如在美国西部历史上，社会、放牧文化、采矿、伐木和水资源的发展与使用，以及无主土地的使用等具争议性的问题，皆需要通过教育和协调当地居民来解决，使其能了解恢复的动机与欲达成的状况。

（2）经济问题。开始恢复后，包括计划、设计、实施及其它方面的考虑都要符合预算。接下来大多数恢复的工作，包括公共政策、立法、对于制度规章的协议或官僚政治等，皆可能阻碍恢复行动和增加花费。应及早发现问题，让计划能够按时实施，使可能多出的费用减到最少。

有时候单靠民间基金无法支持整个恢复过程，必须寻找能够共同分摊工作与花费的伙伴；寻找各个阶段的志愿工作者，就像提供各项知识的专家一样多元；规划出合理的花费；或提供其它有创意的想法。同时也不能忽略后勤的支持，例如争取和鼓励当地人士以劳动或提供设备的方式进行支援。

并不是所有恢复工作都是复杂、昂贵的，有些可能只需要在河川廊道资源管理上做轻微、简单的改善即可。有些恢复计划会因为复杂性和实施范围较大，需要动用大笔资金来达成计划的恢复目标。

(3) 制度与立法问题。一般来说，经过适当计划的恢复行动都应该要符合或超过主管单位和中央政府的规定要求。但每次恢复都有其特殊的规章需求，有时候无法把当地县市政府与中央政府的规定全部涵盖进去。

恢复计划者应该与本地的主管单位或中央政府有所联系，避免恢复过程和法律抵触。

制度层面和法规层面所涵盖的问题十分广泛。就当地而言，恢复计划者必须了解涉及的分区和县市政府的水质规范。联盟、基金会的发起或赞助者，必须符合环境政策和濒危物种保护法规（野生动物保护法令及其施行细则），县市政府支持的行动也须遵循文化资源保护法规和风景区管理条例等法案。

（四）确定恢复目标

恢复目标应该通过决策者、咨询组织、跨学科技术团队及其它参加者的共同讨论，达成共识而确定。讨论时注意下列主要因素：

(1) 将来想要达成的状态（生态参考状态）。

(2) 社会、政治和经济评估。

(3) 考虑未来希望的情况。

根据之前的讨论，对一条河川廊道的未来生态情况，经常是以未开发前的状态或一条自然河川廊道应具备的条件与功能作为参考，这通常是一种理想化的想法。理想化须具有可能性，而且可能是最佳的生态状态，完全没有政治、社会或者经济上的限制条件（Prichard 等，1993）。在实际应用时，希望的未来情况必须根据实际状况修正，提出更为实际和具体的目标。

1. 列出限制和问题影响因子

除了将来欲达成的恢复状态，确定目标必须包括重要的政治、社会及经济价值问题的分析。恢复的目标涵盖了行动与努力所追求的种种目的，并且必须基于河川廊道的功能或其理想的生态状况。

2. 确定首要和次要的恢复目标

恢复成功的关键是建立实际的目标，建立一个合适的预期管理架构，使结果更接近期望值。

在确定实际的恢复目标时，通常可分为主要目标和次要目标两部分，有可能是单独也有可能相互联系。

(1) 主要目标。主要目标应该依据问题与对策的分析，包含所有参与者对于将来状态的期望，反映出计划限制和相关问题，包括空间尺度、需要收集的基础数据、需要的预算与人力资源和濒危物种的特殊需求等。主要目标通常是计划开始就要设定，例如集中于边坡稳定、泥沙或沉淀物管理、高滩地土壤和水域保护、防洪、改善水生与陆生栖息地及景观美化部分。

(2) 次要目标。次要目标应该能够直接或间接地支持主要目标，例如雇请被解职的伐木工人从事森林恢复相关的工事。

（五）确定目的

确定目的提供恢复应该努力、设计及实施的方向。目的应该符合恢复目标，并且以问题与对策分析作为依据，指出对河川廊道状态产生退化的问题，以调整成目标状态为出发点，通过量化的河川廊道受损情况，以评估河川廊道恢复是否成功。

恢复目的必须要能适合复育的地点并且可量测，因此要比含糊、理想化的目标更能反映河川廊道的实际情况。

例如要改善鱼类栖息地，目的可能包括以下内容：

（1）透过提供遮阴植物，改善水温。

（2）建造沉沙池或滞洪池。

（3）与当地土地所有者合作，并鼓励其从事滨溪近距离区域的保护。

目的若要被当做成功的关键标准，就必须用更具体与可量化的词语来描述。例如，第一个目的可能要写出溪畔种植某树种，在三个生长季节后存活率是50%，并且至少有5英尺高（约1.5m），这种植物覆盖才可以让河川的水温下降。

二、替代方案选择与设计

建立恢复对策并实现恢复目标，不论技术和设计层面都是为了解决问题。改善的范围可小可大，小到一个地方改变，大到一个全面性的物理环境重建。较有效的方法是在发展具体替代方案之前，先将一般性的解决方法或者全面性的策略概念理清并且加以评估。

本节说明替代方案的选择和设计时会遇到的一般性问题和必须考虑的因素。

（一）重要因子

在制定替代方案时，应该特别考虑管理方式而不是处理方式，用适合的尺度来设计恢复（地景/廊道/河川/河段）计划，以达成最终目标。

1. 管理和处理方式

制定恢复替代方案时必须考虑三个问题，这关系着选择消极或积极的恢复方式。

（1）河川廊道过去的管理行动有没有特殊的涵义（因果分析）？

（2）对于这些活动来说，什么是排除（Eliminating）、调整（Modifying）、减轻（Mitigating）或管理（Managing）的实际对策？

（3）如果这些活动可能被排除、调整、减轻或管理，受损的河川廊道将会如何反应？

如果损害的实际原因能被排除，就有可能恢复到自然的完整生态系统或未受改变前的状态，而且恢复行动的焦点也非常明确。如果不能排除损害的原因，就必须把这些原因或症状的管理对策制定出来，也应该把选择管理方式列入主要考虑因素。

若引起损害的原因无法管理，减轻干扰是另一种替代方式。若通过减轻的方式，恢复的重点便限制在处理损害情况的范围内。

在不能完全排除干扰时，就必须制定有逻辑性的替代管理方法。例如，在分析边坡侵蚀时，结论可能是集水区泥沙运移的速度变快会产生横向不稳定的流况，但是调整引起问题的土地使用方式可能会有阻碍，因此必须采用工程方式或土壤生物工程侵蚀控制的结构物来改善，但是河川廊道将不可能回到未受干扰的状态。其它项目仍然会持续受沉积物增加的影响（例如底质状态改变、水质劣化、滩或深潭的结构改变）。

在处理问题的过程中，可能会引发另一个意想不到的问题。以侵蚀来说，采取边坡稳定措施可能会干扰河滩地和滨溪栖息地的沉积物传输过程，也可能将一个地方的横向不稳定性延伸到其它地方。

2. 选择和设计考虑

选择替代方案的分析项目：

（1）可行性研究。

（2）成本效应分析。

（3）风险评估。

（4）环境影响分析。

3. 设计过程中需要考虑的项目

（1）原因的管理与症状的处理。

（2）地景或集水区与廊道河岸。

（3）其它空间上和时间上的考虑。

（4）恢复替代方案的核心。

4. 替代方案包含的要素

（1）详细的基地描述，包含所有替代方案的讨论。

（2）确定现有河川廊道的状态并且用量化数据描述。

（3）分析现在和过去引起损害的各种原因和管理行为带来的影响。

（4）用量化的方式陈述具体的恢复目标。

（5）预备替代方案和进行可行性分析。

（6）每一项处理和替代方案的成效分析。

（7）工程风险评估。

（8）合适的文化和环境空间。

（9）河川廊道情况的监控计划。

（10）维护需求和进度表。

（11）替代方案的进度表和预算需求。

（12）提供替代管理方案适度的修正。

5. 地景/集水区和廊道/河段

设计和选择的方案有下列关系：

（1）河段→河川。

（2）河川→廊道。

（3）廊道→地景。

（4）地景→区域。

通过研究与分析尺度的相互关系，才能了解河川横向和纵向结构的情况和功能，以及人为活动对于整个集水区的影响。

恢复设计涵盖有创意的解决方式，尽可能在上游土地使用时就把负面影响减至最低。集水区的土地使用包括城市农业、游憩使用等，例如，城市住宅用地周围可能是草坪、外

兰阳溪
鲫鱼
台湾石宝

细斑吻虾虎
罗汉鱼
秃头鲨

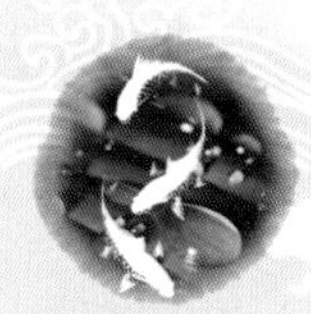

来种的植物或屋顶径流流入雨水下水道，居民可用原生地被、遮棚和及湿地来搜集径流。

恢复必须针对不同土地使用方式对河川廊道所产生的影响进行不同的设计，如每个地方暴雨量、污染和沉积量都不一样。

当无法完全排除人为干扰（采沙、筑堤或开发道路）时，必须在考虑经济和社会目标的同时，运用设计手法让河川生态功能维持最佳状态。

6. 其它时间和空间的考虑

要达到动态平衡和长期的恢复成效，具有弹性的恢复设计最为关键。河川廊道就是以廊道型式运作的地景单元，设计和选择替代方案时必须特别考虑恢复对于地景的影响。

虽然时间和边界条件不一定有弹性，但替代方案应较有弹性。如前所述，恢复设计必须留下一个让大自然自行变化和承受自然干扰的机会，因为这是一种自然的过程、动态平衡的概念。替代方案之间也应该互相比较土地使用在压力、气候变化及自然扰动下各自的反应。每一段廊道发展时，如果有必要利用结构物来提供特定功能，也应该要进行结构物的设计。

Forman 和 Godron 在 1986 年提出一个很有意思的恢复设计概念，称为连串的光(String of Lights)，即针对地景单元中的河川廊道单元可以提供更多恢复对策，河川廊道的连通性提供了地景基质上的连串通道，就像一连串的光点亮了这个世界。就像光的串联一样，河川廊道对于地景功能的长期稳定来说是不可或缺的一部分，设计替代方案时也必须符合这种隐喻。

（二）选择分析

确定替代方案后，下一步就要评估可行性和管理方法。要从多方面进行评估，力求全面考虑各方面因子。一般来说，应用下列分析对恢复替代方案或团队都有帮助：

（1）成本效益和递增成本分析。

（2）利益评估。

（3）风险分析。

（4）环境影响分析。

1. 成本效益和递增成本分析

成本效益的分析是用来定义没有经济收益且成本最低的方案。接下来的递增成本分析是用来评估成果产生的效益，通常会用一个边际效应问题来评估："如果计划的规模增加，每一项增加的花费是否与增加的成果成正比？"需求数据：解决方法、预算及成果。

无论恢复规模大小，成本效益和递增成本效益分析是一定要进行的。分析前要收集三种型式的数据：解决方法的清单、预估每种解决方法对生态系统或其它非经济影响的结果和预算。

这里所说的解决方法指的是完成计划目标的技术。例如，若某计划的目标是增加兰阳溪集水区的水鸟栖息地，解决方法可以是在兰阳溪河岸放置五十个鸟巢箱。所谓解决方法可能是指个别的管理手法（疏浚河道、种植植被，建造堰堤或放置鸟巢箱）、计划（各项管理策略）或程序（多项计划，有可能是地景尺度的计划）。

解决方法的预算包括计划执行的经费和经济对策的预估。计划执行的经费是直接的支出，如设计费、购地支出、建设、操作及维护的支出。经济对策是指计划完成后会对这个集水区带来什么样的经济远景。例如，恢复河川生态系统可能需要放弃现有河道的运输功能，在这种情况下，预估未来的经济对策对于决策者来说就十分重要。

解决方案的预估成果就是完成计划目标的成效，以前常用族群数量（水鸟、鱼类的数量等）或物理状态作为环境改变的成果。近年来，美国鱼类与野生动物保护署（Fish and Wildlife Service）所开发的一套评估模式“栖息地评估程序”（HEP），将栖息地区分成栖息地单元，并针对某些物种进行评估。生态族群和生态系统的模式目前还在初期开发应用阶段，未来可能可以更有效地进一步应用在集水区尺度的范围内。

（1）成效分析。从成果的角度而言，用金钱来衡量不尽合理，对于有实际数字的成果而言，成效分析十分容易。但是对于恢复成果或非经济效益的恢复行为而言，成效分析就十分困难。恢复所产生的效益可能是无形的，如栖息地、美化、非供娱乐垂钓物种等。最终的目标当然还是希望恢复成功，并且花费越少越好。

以下为两条成效分析的原则，主张解决方法应该不要将成果效率化，并不以成本效果的方式评估：①同一层级的成果可以采用不同解决方法，使用更便宜的方式完成；②更高层级的成果可以采用另一解决方法，以相同或更少的花费完成。

（2）递增成本分析。递增成本分析可以为决策者提供评估以决定是否进行投资。当需将恢复成果层级升高时，分析每一单位的成果需要额外投资多少。成效分析需要分析每项解决方案的总花费和总结果的信息，递增成本分析需要每项方案的花费及成果之间不同的比较信息。

（3）决定“值不值得?”就像成本受益分析一样，成本效益和递增成本分析可以帮助决策者选出“最佳”方案。选择的指导纲领可能是“成果目标”（如立法规定或准则标准等）、成果最低和最高的门槛值、最高花费门槛值、成本效益和递增成本分析曲线的极值及数据的不确定性。

除此之外，这项分析并不是要排除替代方案，而是在选择和决策过程提供参考信息。解决方案的成效分析不佳时，此方案或许还可行。作此分析的意义是提供各方案相关的详尽信息。

选择一项成效分析结果不佳的方案有很多理由，或许有些考虑是模型无法预测的，或在成本和成果上有出人意料的结果。决策过程中一定要特别注意上述情况。所有分析的目的皆相同，力求决策者能够从中获取有参考意义的相关信息，作最佳的环境投资。

2. 效益评估

成效分析和递增成本分析都是从一个方面来评估恢复计划。最大利益评估法可能更为广泛，包括以下三个种类（USEPA，1995a）：

（1）依照最好、次好、最坏把利益优先级排列出来。有限的信息可能没办法把利益量化，但是还是可以参考评估。

（2）利益也许可以量化，但是不能定价。有时会用某些尺度的量化方式表示（例如细沙减少百分比，对鱼卵孵化的环境帮助），或要达到每单位利益的花费表示（有点类似前面提到的成本效益和递增成本分析）。

（3）非经济方面的利益无法用金钱来量化。例如，当恢复比控制点源污染能提供更良好的鱼类栖息地，就能评估经济方面的利益（钓鱼的利益）。经济鱼种的获利也很容易评估，其它像是栖息地品质的改善（例如美感）、生物多样性等就难以用金钱量化。每一种利益都必须用不同的方法来分析。

评估利益的关键应该包括时间、尺度及价值。短期和长期的利益也应该考虑进去，除此之外，相对于局部尺度与集水区尺度，潜在的利益和花费都应该列入考虑。总体来说，有很多方法可以用来评估人类使用和喜好的环境价值。旅游行程花费、经济鱼种及游憩或钓鱼的利益等都可以评估量化。有些像美感和洪水控制的价值只能从实际的改变来评估（例如野生动物、美感及生物多样性），或从研究人们愿意出多少钱的角度来分析。

3. 风险分析

河川廊道的恢复具有风险，无论选择何种方案，有时候还是会失败。决策者应该要将每个替代方案可能发生的风险考虑进去，一个完善的风险评估对于大尺度且投入大量劳力和金钱，或对下游人民生命财产有威胁的恢复方案非常重要。

基本的风险就是用来分析或设计的数据有其不确定性，由于资料收集和分析的错误，有可能造成资源的变动和相关统计错误（例如回归分析）。通常可以用统计的信赖区间，来控制资料的不确定性，得到预测分析和设计所需的数据量。

风险之一是设计状况可能会受到自然变动的影响。例如，设计一个可通过 50 年重现期洪水的河滩地，需要 5 年的时间在河滩地上生长植栽。但是或许在这 5 年的时间内，洪水量就已超过 50 年频率。

4. 环境影响分析

虽然大部分推动河川廊道恢复的动机是为了恢复和复原，但是并不表示恢复的背后不会有负面的影响和社会大众的争议，产生的负面影响有些是短期的，有些是长期的。例如，有些工程需要用重型机具进行，短期间会使沉积物或土壤的侵蚀增加。此外，恢复某一种型态的栖息地可能就要牺牲另一种型态的栖息地，例如，鱼类栖息地的恢复可能会影响鸟类栖息地的面积。

有些替代方案，像是完全封溪对河川恢复可能是最好的，但有时很难被社会大众接受，尽管环境影响交替持续发生，鱼类和鸟类其实都是恢复的重点，应该要把调查的数据尽可能的建成数据库。因此，一个谨慎的环境影响评估应该包括短期与长期、直接与间接以及累积的影响，应把评估的结果与可能的变动公开透明化。

第八章 河 川 廊 道 分 析

进行河川廊道相关的分析以辅助问题的界定，分析的工作繁多，例如水文分析、洪峰量分析、河流形态分析、输沙分析、安全性、生物多样性、生物相关指针、河川状况指数、河溪栖息地管理模式等，有时人力有限，时间方面面临压力，就必须进行取舍。对于敏感性或濒危物种，或重要的保护区栖息地，相关的调查分析项目则应由顾问团队或咨询小组开会讨论确定。

一、水文分析

配合集水区内地理因子、各重现期的暴雨量、降雨分配型态及超渗雨量，采用合理化公式法与适宜的降雨—径流模型分析求得各控制点各重现期的洪峰流量与洪水流量过程线。包含：①降雨量分析；②降雨分配型态；③洪峰流量分析。

相关的分析理论与方法可参考水文学等专业书籍，此处不多做介绍。

二、河流形态分析

（一）河川分类

采用河川分类系统的优点如下：

（1）分类系统可以促进不同领域学科的人相互了解，是沟通的工具。

（2）根据收集到的有限数据，扩展到对整个河川的了解与认识。

（3）河川的分类可以用来帮助决策者，考虑地景规模的尺度与参数，例如河道的大小、形状、底质、护岸等因子。

（4）河川的分类使得恢复工作者能够活用现场的数据与参考文献，即在现场得到的数据可立刻与书本的理论相互验证。

（5）河川的分类可以作为判定河道是否稳定的根据。

河川的分类系统的判定对于设计上所需的因子有非常大的帮助，例如宽深比、蜿蜒度等。

（二）ROSGEN 河川分类系统

一般广泛使用的河川分类系统是 ROSGEN（1996）系统，这个分类系统使用六个基本因子来进行河流分类（图 8.1）：①河道的深槽；②宽深比；③蜿蜒度；④河槽的树木；⑤坡度；⑥河床底质颗粒的大小。

ROSGEN 使用满岸流量来代表储存在河川中的流量或储存在河槽中的流量。

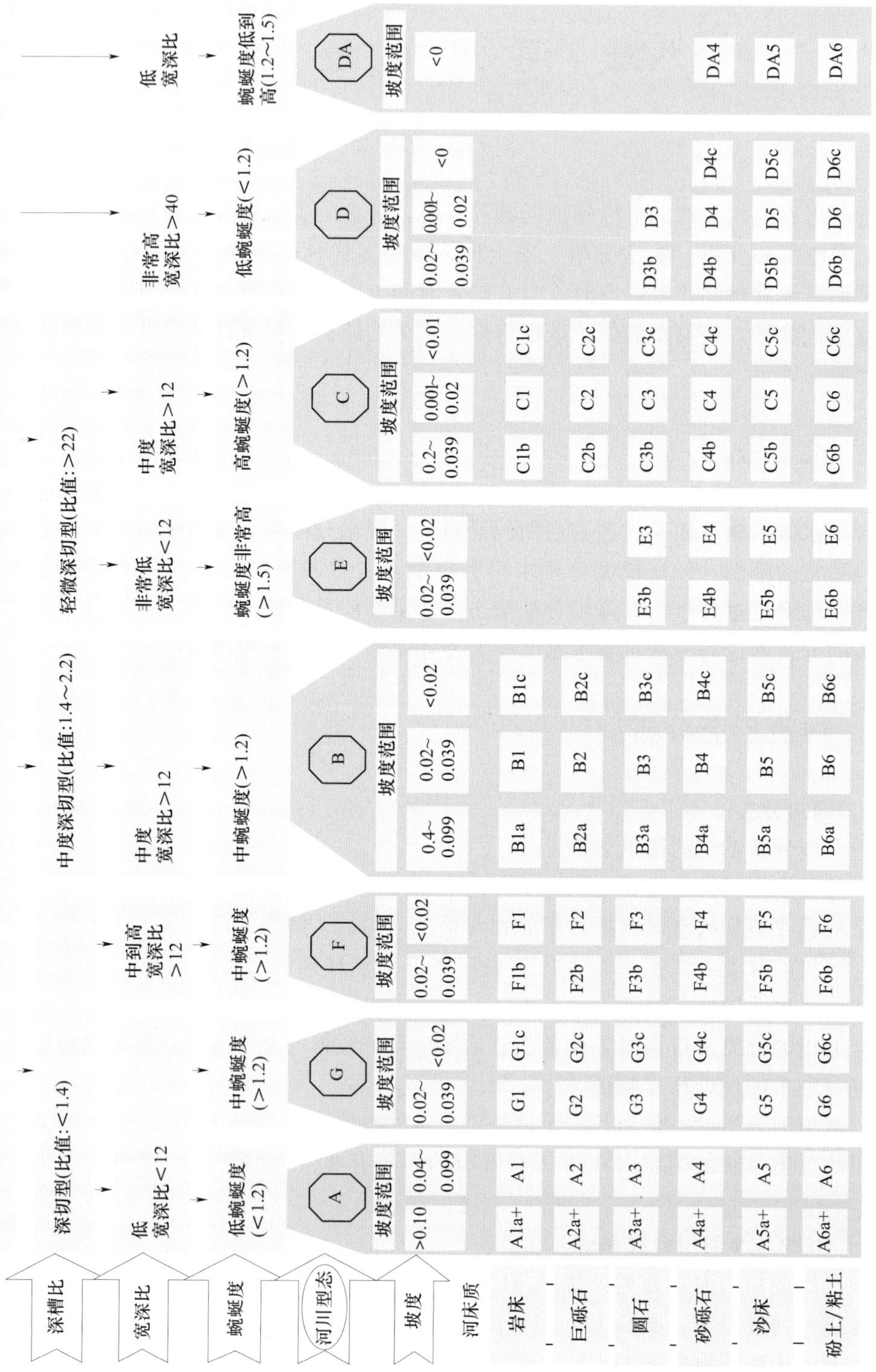

	单一渠道						多渠道	
深槽比	深切型(比值:<1.4)			中度深切型(比值:1.4~2.2)	轻微深切型(比值:>22)			
宽深比	低 宽深比<12		中到高 宽深比>12	中度 宽深比>12	非常低 宽深比<12	中度 宽深比>12	非常高 宽深比>40	低 宽深比
蜿蜒度	低蜿蜒度(<1.2)	中蜿蜒度(>1.2)	中蜿蜒度(>1.2)	中蜿蜒度(>1.2)	蜿蜒度非常高(>1.5)	高蜿蜒度(>1.2)	低蜿蜒度(<1.2)	蜿蜒度低到高(1.2~1.5)
河川型态	A	G	F	B	E	C	D	DA
坡度	坡度范围：>0.10；0.04~0.099	坡度范围：0.02~0.039；<0.02	坡度范围：0.02~0.039；<0.02	坡度范围：0.4~0.099；0.02~0.039；<0.02	坡度范围：0.02~0.039；<0.02	坡度范围：0.2~0.039；0.001~0.02；<0.01	坡度范围：0.02~0.039；0.001~0.02；<0	坡度范围：<0
河床质								
岩床	A1a+ A1	G1 G1c	F1b F1	B1a B1 B1c		C1b C1 C1c		
巨砾石	A2a+ A2	G2 G2c	F2b F2	B2a B2 B2c		C2b C2 C2c		
圆石	A3a+ A3	G3 G3c	F3b F3	B3a B3 B3c	E3b E3	C3b C3 C3c	D3b D3	
砂砾石	A4a+ A4	G4 G4c	F4b F4	B4a B4 B4c	E4b E4	C4b C4 C4c	D4b D4 D4c	DA4
沙床	A5a+ A5	G5 G5c	F5b F5	B5a B5 B5c	E5b E5	C5b C5 C5c	D5b D5 D5c	DA5
砂土/粘土	A6a+ A6	G6 G6c	F6b F6	B6a B6 B6c	E6b E6	C6b C6 C6c	D6b D6 D6c	DA6

图 8.1 Rosgen 的河川分类系统图

利用 Rosgen 分类系统分析台湾的河川，有其局限性，可另参考《台湾地区河川型态分类准则研拟》（陈树群，2004、2005）。该书汇整建立了台湾本土化的河川分类方法，并于 2002 年提出“河川型态五层分类法”，河川型态五层分类法乃根据河川特性改变的难易度，将河川分类体系划分成五层，根据数万年才会改变的河系特性开始分层，到最后是随每日气候状况而改变的流量特性，并考虑彼此之间的相互影响，如图 8.2 所示。

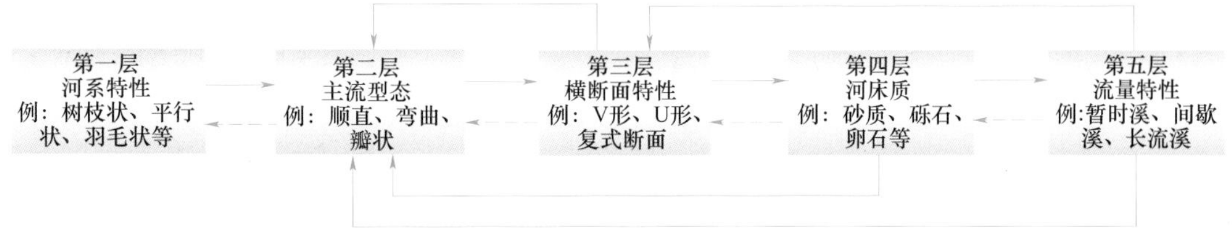

图 8.2　河川型态五层分类法流程示意图

三、水力输沙分析

水力分析在于计算水面线、流速、水深、弗劳德数等水力因子；输沙的过程包括冲蚀、推动、输送、沉积及堆积等。有些数值分析模型可以用来预测河道中的水力状况，如 HEC－RAS、NETSTARS，而 HEC－6 与 NETSTARS 则可分析冲蚀或堆积情况。

四、安全性分析

自然的河川护岸经常是由不同的地层所构成的，反映护岸组成的沉积历史。每一个特定的组成都有其自身的物理特性，跟其它土层不同，因此护岸的剖面经常可以反映出其物理特性。因重力所造成的护岸崩塌，与护岸材质的物理特性有关。

将河川护岸的安全性分析区分为两部分：一为护岸纵向的拖曳力（泥沙起动、剪应力、最小块石粒径）；另一为稳定性分析（抗倾、抗滑、承载力分析）。相关分析方法请参考李鸿源等（2003）生态工法安全性分析的内容，对于护岸，特别是以生态工程（法）构筑的护岸，有较详细的描述。

五、生物多样性指数分析

一般将多样性指数分为两大类，第一类型的多样性指数对于一群落中相对稀有的物种组成变化较敏锐，表 8.1 中的夏依—威纳多样性指数就属于第一类型的多样性指数，是目前应用最广泛的多样性指数之一。夏依—威纳多样性本指数 H' 值的范围视分析时所采用的对数底数值（以 10 为底对数或自然对数）不同而有所变化，若是以 10 为底的对数，其值介于 0～5 之间，极少会超过 5。本指数值越大表示多样性越高，反之则越低。第二类型则是对于群落中较丰富（数量相对较多）的物种组成变化较敏锐。辛普森多样性指数属于第二类型的多样性指数，辛普森多样性指数的值介于 0～1，数值越接近 1 则表示多样性越高，反之则越低。

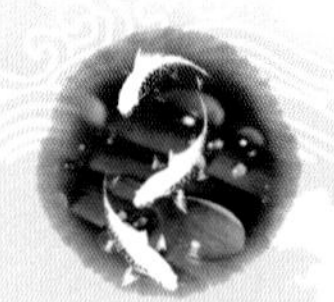

表 8.1　各种生物多样性指数

指　数	公　式	说　明
辛普森多样性指数 (Simpson's Index)	$\lambda = 1 - \sum_{i=1}^{s}\left(\frac{n_i}{N}\right)^2$	n_i：第 i 物种的个体数 N：所有物种总个体数
夏依—威纳多样性指数 (Shannon - Wiener's Index)	$H' = -\sum_{i=1}^{s}(n_i/N)\ln(n_i/N)$	n_i：第 i 物种个体数 N：所有物种总个体数
均匀度指数 (Pielou's evenness Index)	$J' = H'/\log S$	H'：栖息地族群的多样性指数 S：栖息地内的物种数
总丰富度指数 (Margelef's Index)	$R = (S-1)/\log N$	S：栖息地内的物种数 N：栖息地内物种总个体数

六、生物分析指标

本节将对鱼类生物整合指标 IBI（Index of Biotic Integrity）、水栖昆虫科级生物指标 FBI（Family - level Biotic Index）、附着性藻类的藻属指标值 GI（Genus Index）等指标作简要介绍，读者若有兴趣可再进一步研究。其中鱼类 IBI 指标可以辅助判定河川栖息地品质，水栖昆虫 FBI 指标可以辅助判断河川水质状态，附着性藻类藻属 GI 指标亦可辅助判断河川水质状态。

（一）生物整合的指标 IBI

Karr（1981）所发展的生物整合的指标 IBI 可用来分析水体族群的歧异度与健康状态。这个指标是用来分析现有水生物的状态，譬如总数的丰富度。这些鱼类总数的组成与丰富度可能包括：现存的不耐污的鱼种、某特定鱼种的丰富度组成。

1. 评估内涵

生物整合指标主要包括十二项因子，根据收集的数据与参考值之间的差异，分别对每项评分，分数为 5 分、3 分、1 分不等，最后累加所有分数，总和愈高表示河川品质愈高。生物整合指标包括三大类，第一类为鱼种丰富度与组成，细分为六项，第一项为原生鱼种数，第二项为底栖性鱼种（Darter Species/Benthic Species）数，第三项为栖息水层中鱼种（Sunfish Species/Water Column Species）数，第四项为长生命周期的鱼种（Sucker Species/Long - lived Species）数，第五项为低容忍性鱼种（Intolerant Species）数，第六项为高容忍性鱼种（Tolerant Species）个体百分比；第二类为鱼类营养阶层组成（Trophic composition），为第七至九项，第七项为杂食性鱼种（Omnivores）个体百分比，第八项为食虫性小鱼（Insectivorous cyprinids）个体百分比，第九项为食鱼性鱼种（Piscivorous）个体百分比，最高级肉食性鱼种（Top Carnivores）；第三类为鱼类数量与状况（Fish Abundance 和 Condition Individuals），为第十至十二项，第十项为鱼类取样个体数，第十一项为杂交鱼或外来引进鱼种的个体百分比（Hybrids or Exotics），第十二项为生病的鱼以及或不正常鱼的个体百分比（Disease or Deformities）（David，1995；Smith 和 hellmund，1993）。生物整合指标各项内容虽然由于鱼种分布范围差异或缺乏某些项目数据，可能会针对某些项目作适度修正，但一般来说，第一、第七、第八、第十项等四项内容通常是不会进行调整的。

2. 生物整合指标计算流程

生物整合指标根据①物种尾数与物种组成，包括鱼的尾数、类别及其承受性；②营养组成，即组成族群的鱼类的食性；③鱼的丰富度量与环境等变项确定河流等级。基于上述三大项目，将鱼类区分成十二种类型。每一项的溪流分成5、3、1三级，其中5为最佳溪流，而1为最差溪流。为了消除因为评估中只取自一个或数个属性时造成的取样偏差，生物整合指标指数设置了一个防护设施，即研究鱼类群聚的数个属性，以增加生物整合指标的客观性。

生物整合指标的计算流程如下所述，研究者取样一个鱼类群聚，根据数种属性给予分数（S），其中5为最佳，3为中等，1为最差。研究者可对各类型进行评分，将所有群聚的属性分数加起来，得到生物整合指标（IBI），IBI分数越高表示环境品质越高。

IBI指标在不同国家和地域使用时，需要根据当地情况检验其是否适用，若不适用需要适度予以修正。

（二）水栖昆虫FBI值

不同科级的水栖昆虫代表不同的污染忍耐度指数，由不同科级水栖昆虫的数量乘以污染忍耐度指数再除以所有科级水栖昆虫的数量，所得的商数为相对指标值（Hilsenhoff, 1988）。可以计算溪流各样站的水栖昆虫科级生物指标FBI值，并与水质等级表比较（表8.2），以判定水质。

表8.2　水栖昆虫科级生物指标FBI值与水质等级

水质等级	相对指标值	等级	水质等级	相对指标值	等级
优良	0～3.75	A	有点差	5.76～7.50	E
很好	3.76～4.25	B	差	6.51～7.25	F
好	4.26～5.00	C	劣	7.26～10.00	G
尚可	5.01～5.75	D			

（三）藻属指标值

藻属指标值GI由中央研究院吴俊宗教授发展而得，广泛应用在台湾的新店溪、南势溪、基隆河等河川。可利用藻属指数值的计算结果来检验水质状态的优劣，藻属指标值的计算方法如下：

藻属指标值（Genus Index）＝［曲壳藻（Achnanthes）＋卵形藻（Cocconeis）＋桥弯藻（Cymbella）］/［小环藻（Cyclotella）＋直链藻（Melosira）＋菱形藻（Nitzschia）］

藻属指标值与水质的关系为：若GI＞30，为极轻微污染水质（A级）；若30＞GI＞11，为微污染水质（B级）；若11＞GI＞1.5，为轻度污染水质（C级）；若1.5＞GI＞0.3；为中度污染水质（D级）；若GI＜0.3；为严重污染水质（E级）。

七、地理信息系统数据库

构建河川廊道地理信息系统数据库是整合汇总物化环境与生物数据，以方便获取所需

藻类采集

电捕法

信息，是重要的一环。本章利用过去构建“河川栖地生态调查地理信息系统”的经验，供读者参考。

通过现地建立的台湾横麦卡托 TM2 坐标系统与空间定位技术，可以用 ESRI ArcView Shape File 建立空间位置数据及其调查的属性数据资料，并整合 ESRI MapObjects 地理信息开发对象、Microsoft Access 关联式数据库系统，以 Microsoft Visual Basic 对象导向程序语言建立“河川栖地生态调查地理信息系统”，为相关单位提供足够信息以掌握生态环境与物种资源的空间分布，以便于后续的分析研究。

（一）地理信息系统架构与雏形

地理信息系统所涵盖的主要数据可包括水文数据、河川数据、水利设施数据、生态数据、相关计划数据、基本地形图、图片及影像数据，项目如表 8.3 所示。

表 8.3　　主要数据项

资料分类	数据项
水文资料	河川位置、集水区、水文测站、水质测站
河川资料	河川断面形状、栖息地型态、河床底质分类
水利设施资料	堤防、护岸、拦河堰、防沙坝
生态资料	鱼类、虾（蟹）类、水栖昆虫、植物、鸟类、两栖类、爬虫类的调查结果，并建立各生物的照片及基本数据
基本地形数据	交通网、住宅分布、地形 DTM、地形坡度、坡向、行政界、1∶5000 相片基本图、1∶25000 地形图、正射化影像
图片及影像数据	动植物、重要水资源设施及景观等图片

依所需的功能目的，将构建的地理信息系统区分成五个部分，各部分的功能简述如下。

1. 空间信息操作的基本功能

系统提供基本的 GIS 操作环境，包括图层的加载、放大或缩小等检视、属性查询等，满足使用者了解生态调查数据分布的基本需求。

2. 主要地图展示区

展现各调查点生态调查资料的空间分布。系统以数值地形分布（DTM）为基本底图，让使用者能够了解调查点附近的地形变化，进而通过切换基本底图的方式，了解其坡度与坡向的分布，如图 8.3 所示。

3. 系统目前状态说明

提示使用者目前的系统状态，其所提供的信息包括：目前的地图检视方法、目前鼠标所指的空间坐标位置与目前地图的比例尺，这些信息将有助于加强使用者对该区域的方向、距离等的空间认知。

4. 生态调查资料查询

系统的主要查询接口，包括各调查点与各种调查物种。

5. 索引地图（Index Map）

提示使用者目前检视的主地图所在区域在整个研究区的相对位置。使用者将主地图放大检视后，索引地图将以红色线框提示目前主地图的区域在整个研究区域的相对位置，这项信息有助于建立使用者对于目前该检视区域的空间认知。

（二）生态调查资料查询与统计

如上所述，生态调查数据查询为系统的主要查询接口，包括各调查点、各种调查物种以及相关指标的统计与计算。

使用者能够通过下拉菜单方式，了解调查点的空间分布。使用者所选定的调查站会以红色点显示，提示使用者该站的空间位置与该区域的实景照片，让使用者能够更清楚该调查站的生态环境。

八、河川状况指数分析

河川状况指数 ISC（Index of Stream Condition）指数由 Ladson 等（1999）提出并应用在澳洲的维多利亚州（Victoria）。该指数是用来评估水道整体环境的指标，曾被应用在台北市大沟溪（周正明、黄世孟，2003）和南势溪（Hu 等，2007），本书推荐使用该指数。该指数由水文（Hydrology）、物理型态（Physical Form）、滨河区域（Streamside Zone）、水质（Water Quality）、水生物（Aquatic Life）等五种次指数（Sub - index）组合而成，五种次指数又由数个次指标（Indicator）组成。这五种次指数是河川状况指数的组成因子，各指数满分为 10 分，总指数为 50 分，分数越高代表环境越趋于自然。

河川状况指数构成因子、ISC 环境评定见表 8.4、表 8.5。

表 8.4　　河川状况指数构成因子表

次指数	考虑内容	次　指　标
水文	实际流量与月流量的比较	（1）水文变异； （2）渗透因素影响流量； （3）有无水工构造物影响（例如分流堰或取水工程）
物理型态	排水通道稳定度与物理性栖息地品质	（1）护岸稳定度； （2）床底状况； （3）人工构造物的影响； （4）水道物理性栖息地状况
滨河区域	滨河区域的植物生长品质与数量	（1）植被生物宽度； （2）植被生物连续性； （3）植被生物结构完整性； （4）本土种覆盖百分比； （5）本土种的再生率； （6）湿地池沼状况
水质	关键性水质参数	（1）总磷； （2）浊度； （3）电导度； （4）pH 值
水生物	指标物种	（1）无脊椎动物或其它水中生物族群出现频度（鱼类并非唯一考虑）； （2）维护或增加鱼类赖以生存的环境为考虑

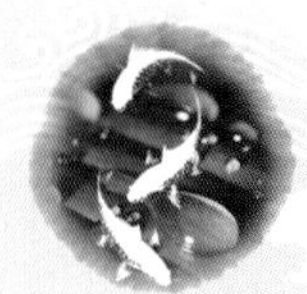

表 8.5　　河川状况指数 ISC 状况评定表

指数评分	状况评定		指数评分	状况评定	
45～50	优	A	15～24	差	D
35～44	好	B	<14	劣	E
25～34	尚可	C			

九、河川栖息地管理模式

为在河川栖息地恢复上做出适当的决策，必须先了解河川在时间、空间上的物理、化学及生物构成要素，相互间的交互作用与影响关系如何。为了解并简化错综复杂的相互作用与关系，河川栖息地改善整合 5－S 模型（Verdonschot 等，1998）应运而生。

河川栖息地改善整合模型的五个因子分别为：系统状态（System conditions）、河川水文水力（Stream Hydrology）、河川型态结构（Structures）、水质成分（Substances）、物种（Species）。

五项因子英文皆为 S 开头，此为 5－S 模式名称的由来。模型中五项因子皆互相作用与反馈，息息相关，五项因子的内容叙述如下。

（一）系统状态

主要讨论对于集水区内气候（温度、降雨特性或干旱等气候特征）、地质及地貌（河川、池塘及坡度）的考虑。因为集水区时间与空间尺度上都相对较大（集水区时间尺度为 100 年），通常系统状态无法通过管理手段改变，整体上也不易有巨大变动，故除了边界状态长期改变的影响之外，这些因子在河川栖息地恢复中的比重较轻。

（二）河川水文水力

因流量直接影响栖息地面积的大小，故此部分着重于流量的变化与影响，以及水文过程影响因子如降雨、蒸发、入渗、地下水流、渗流、径流、地下水补给及流量等。

水流的方向对系统中所有的因子都影响甚大，可区分为两种流向型态：一种为侧向，即降雨后，集水区各处产生的径流，集中流向河槽的侧向；另一种为汇聚于河川后，由上游流向集水区出口的纵向流动。水力部分包括流速、流动水域、静止水域及紊流情形等。

（三）河川型态构造

河谷与河川是水文与水力过程作用的结果，包含纵向与横向的地貌形状特征如河床、河岸、堆积物型态及底质型态等河流型态。河川构造亦指曲流的中断、陆域化影响、泥沙沉积物及堰坝水工结构物等。

（四）水质成分

水质成分指水质参数，例如养分、有机物质、溶解氧、水合离子及有毒物质等，大多存在于水流之中，溶解于水中的物质含量由集水区边缘向河川渐渐增加。

（五）物种

在上述各控制因子互相影响和作用下，所形成的栖息地环境为物种族群提供了生存条件。因此，物种与族群是河川管理与栖息地恢复的实质目标。

十、定性栖息地评估指数

定性栖息地评估指数（QHEI）可采用的版本为 Hoosier Riverwatch（2000）的市民版（Rankin，1989；特有生物研究保育中心，2006），一般工程师亦可应用。

定性栖息地评估指数（Qualitative Habitat Evaluation Index，简称 QHEI）进行河川栖息地评估时，分别考虑水底质；鱼类遮蔽度；河道形状与人为影响；河畔林、湿地、冲蚀；深度、流速；浅滩、深流等六个项目，依据其评分标准进行各河段的栖息地评分。

第九章　改善规划设计与技术

一、河谷型态、连续性及尺寸

河谷型态、连续性及空间尺寸是河川廊道变动的结构性特征。在支流汇入主流的结构上，河谷的边坡坡度与河滩地的坡度交互影响；而连续性包含栖息地与栖息地的连接，以及对物种、族群、生态历程的考虑；尺寸则是由河川或廊道的宽度线形与边缘所构成，它对于某些物种、物质或能量的移动相当重要。在设计的时候，必须要考虑到大尺度的特性，以及它们相互功能的影响。

(一) 河谷型态

整个河谷型态可能会因为某点受到破坏而产生连锁式的改变，使得河川廊道的恢复相对困难。一方面，自然的干扰如火山喷发、地震及滑坡，有可能改变河谷型态；另一方面，人为的干扰，例如农耕改变河滩地，也可能改变河谷的型态。河川廊道的连续性与尺寸概念在提供设计参考时（例如河川廊道宽度与长度的取决、廊道缺口或不连续点的处理等结构性的问题），对规划设计将产生重大的影响，河川廊道的宽度、长度及连续性，对于某些物种栖息地的功能是相当敏感的。

大致来说，采用最宽广的河川廊道宽度与相临连续性的廊道，可以确保达到栖息地相关功能和目标的实现，但事实上并不容易。不同的廊道，应该有一个最低门槛的设定，例如对于边坡比较陡的河川廊道，较宽的廊道宽度是必要的（但也比较难）。如何判定有效的河川廊道宽度，保守的做法是衡量冲刷的时候是否可以有效地预防化学性污染物被带到河川里面。某些案例显示，阶梯状的自然栖息地包含河滩地与连接的高地，可能用来阻挡洪水所夹带的泥沙，提供有机质的缓冲带。

营造一条宽广且连续的河川廊道，有时候并不容易达成，可能是因为土地使用的问题。当河川廊道土地的拥有者支持修复的做法时，因拥有者的土地界限是人为订立的划设，但天然的河川廊道并不一定受此限制。有时为降低对廊道的干扰，改变土地的使用方式、土地的覆盖度、降低化学污染物的流入、除草时间的选择，或采取其它经营管理的措施等都有必要。

比较务实的做法是把恢复的区域限制在一定宽度的保护区里面，虽然这个宽度的划设，往往不可避免的会面临一些限制，也会产生一些不同的意见。特别是当河川廊道限制在一个狭小的范围里面，往往使得横断方向或水平方向的栖息地多样性目标无法达成。此外对于河滩地的处理，若只限制在河岸缓冲带的话，也并不恰当，因为养分、无脊椎动物的活动以及一些所谓的“能量”，往往离这些缓冲带非常远。根据先前的讨论，一个好的河川廊道范围必须要把漫流高地→河滩地→河道本身考虑在内，例如河道的边坡可以用来帮助维持河滩地的湿地，也可能是有机质的主要来源。

比较经常出现的错误是设计或规划本身，只考虑到河道与临近的植被缓冲带是不恰当的。缓冲区的宽度通常由一些特定目标来决定，如某一些动物物种的栖息地需求。河川廊道的定义太过于狭隘，往往不能满足河川廊道功能上的需求。要注意的是对于那些造成无法自由移动的障碍，要进行研究及解决。

方法 1：参考其它的河川廊道。

在进行河川廊道恢复设计的时候，理想化的河川廊道宽度不容易达到，这个时候可以参考其它的河川廊道，例如未受干扰的河川廊道。参考用的河川廊道可提供一些信息，如廊道宽度、土地使用、物种需求、植被特性或边界的特性等。通常恢复的目标会决定将来的功能达到什么样的程度，如果设计时参考邻近的河川廊道，发现两者在景观上与土地使用上是相类似的，那在设计时就要注意连续性与宽度等因子。

方法 2：目标物种功能上的需求。

恢复的目标将会决定河川廊道的尺寸、大小。例如，某一个特定的物种如果需要河川廊道提供栖息地，河川廊道宽度的大小就跟该物种所需的栖息地有关系，对于最敏感物种的栖息地需求，就要给予最好的待遇。当所需要的河川廊道尺寸超过现有的使用范围，周边土地的经营管理就变得很重要。换言之，周边土地的经营管理必须要更有效率，使其发挥的作用比需要的宽度更大。要达成河川廊道的最佳化，必须通过个人或组织团体的通力合作，对邻近周边的土地进行有效的管理。

（二）排水与地形设计

在河川廊道的恢复方面，应该包含以下内容：

（1）对人工排水系统的改良。

（2）人造堤岸的移除或被海浪冲刷，而导致堤岸往内陆后退。

（3）若不与社会、环境相互冲突，对河滩地地形的自然型态进行恢复。

二、土壤性质

在河川廊道的功能当中，不只连续性与尺寸很重要，土壤与土壤之上的植物也是重点。不同河川廊道的土壤，会伴随不同的族群，当在进行河川廊道恢复设计的时候，必须要仔细地分析土壤的特性与性质，以及这些土壤所承载的原生的动物、植物族群。

当进行现状的基本调查时，土壤的情况与肥沃度可以用来解释建立的植物种类是否恰当。大多数的地区并不需要额外的肥料，否则可能会造成杂草过度的生长，或外来种的引入。进行任何施肥之前，必须要进行土壤试验或测试。

土壤调查可以提供基本的信息，例如工程的限制或适合度等。因此在规划恢复替代方案时，有必要对现场的土壤进行采样调查。

三、植物社会

在河川廊道的功能设定里面，植物社会是一个基本的控制因子。在河川廊道之中，不

论是源流或沉流（Source/sink）皆与植物社会的量、质息息相关。在恢复方案的设计中，应该要尽力保护现有的原生植物，恢复其结构，使得河川廊道可以维持连续性。

有关植物的恢复目标，可以邻近地区或指定一个特定条件作为参考。例如在美国有很多灌木曾经被用来作为恢复用的树种，包含柳树、赤杨、白杨等。植栽的选择有时可能是为了某物种的栖息地考虑，但从现在对植物的恢复趋势而言，也可能是对整个生态系统的考虑。

（一）河岸缓冲带

长久以来认为河岸地带的经营管理至为重要，理由如下：

（1）可以降低水温。

（2）可使得泥沙沉积且吸附或去除污染物。

（3）减少河川中的养分。

（4）利用植物来稳定河川的护岸。

（5）降低冲蚀。

（6）提供河岸地带野生动物的栖息地。

（7）保护鱼类的栖息地。

（8）维持水中食物链的平衡。

（9）提供一个视觉良好的绿化带。

（10）可以提供休闲娱乐的机会。

虽然大家都承认河岸缓冲带很重要，且已受到广泛的重视，但其大小规模却没有一定的标准。对于城市地区的河川廊道，宽广的植物缓冲带可以发挥一定的作用，主要价值在于提供物理性的保护，使河道避免受到干扰或河川水力切割的侵蚀。

对于河岸植被缓冲带的划设，在经济或法律上的考虑往往超过生态上的考虑。在过去的一些研究案例中，某些物种缓冲带的划设宽度从40～700英尺不等（约12～210m）。于城市或城镇区域的缓冲带设置标准，尚与现存的控制设施、经济及法律层面的内容有关。

河滩地与滨溪区域的栖息地，通常较周遭漫流高地的面积小。维持某一个物种或同功群（Guild）的最小活动面积很重要，不同的物种、季节，所需要的最小栖息地面积可能会有很大的差异。

适用于台湾缓冲带研究的有关文献如表9.1所示。

表9.1　台湾河岸缓冲带研究的相关文献表

作　者	内　容
林昭远 （2004年）	以七家湾溪为对象，根据土层污染物含量的衰减，探讨养分在土层的传输潜势，利用土壤与地形分析，推估溪岸滨水区适当的植生缓冲带配置宽度，供集水区开发参考
胡弘道 （2003年）	说明森林缓冲带对水质改善的机制及对生态保护的效应，平衡人类活动与过度开发农业所产生的危害
丁昭义及陈信雄 （1979年、1981年）	对于短效性及不溶性农药（四氯丹），10m宽的缓冲带即已足够；而对于水溶性农药，则需将宽度增加至30m以上，甚至需达60m方能见效。 丁昭义与陈信雄（1981年）曾在梨山地区施农药于一60m宽的森林带上方，于石冈坝水厂仍可分析出微量农药成分，说明在此地形环境设置60m的森林缓冲带仍然存在不足

续表

作　者	内　容
夏禹九等人（1990 年）	根据六龟试验所所作的调查，建议对于南部类似该调查区的林地，其缓冲带宽度的下限可依公式计算：$F=10+0.03s^2$，式中 F 为缓冲带的宽度；s 为坡度
	河岸旁设缓冲带，可过滤地表径流、提供野生动物的食物来源或活动、隐藏与栖息的场所。
郭琼莹（1999 年）	在堤防与护岸设计准则中，提出堤防或护岸的设计应考虑绿化带、缓冲区的设置，以延续生态廊道（Eco－Corridor）及绿带与蓝带的结合。 在改善河川水质的生态设计方法中，提出应于河川两岸设置缓冲绿化带（至少有 15m 的宽度，且宽度与河川宽成正比）。 Peter Skimore 所介绍的“迁徙廊道”（Migration Corridor）概念，一般而言迁徙廊道的宽度是河道宽度的 2～4 倍（因坡度不同）。例如山区性河川的迁徙廊道总宽度可设定为河道宽度的 2 倍，而比较平缓的河川则总宽度为河道宽度的 4 倍，即使在高密度发展的区域也应维持 3 倍的宽度。然而这些数据标准应根据水工模型实验和案例求得

（二）现存植物

对于河川廊道现场的植物应该适当地予以保留，现存的植物除了提供微生物的栖息地，也可以适当控制泥沙冲蚀，并提供植物种子的来源与不同微生物生长的空间。此外，非原生种的植被，常会阻碍原生物种的发展，属不受欢迎的植物。此刻台湾一些地区正受到小花曼泽兰的危害，甚至逐步扼杀所寄生的树木。

河川廊道恢复包括一个重要的工作，就是恢复植被群落的自然型态。关于植被群落恢复的相关信息，可以参考其它河川廊道的状态，以得到植被群落的组成等有用信息。一旦确定了供参考的植被群落，就可以开始进行更详细的设计。

（三）水平多样性

从空中鸟瞰河川廊道，其间的植被可能是不同块状的植被群落，从一侧的漫流高地→边坡→河滩地，然后到另一侧的漫流高地（指的是横断面方向）。植物应该具有多样性，而多样性产生的原因可能是水文现象或河川本身动力所造成的结果。

（四）边界

河川廊道的边界与周边地区的植物结构会影响到栖息地、河道及缓冲带的功能。河川廊道与其周边地区的边界可能是直线或是曲线型态，一个未受干扰的环境，在这两个区块之间都会有一个过渡带。如果是直线的边界，物种可畅行无阻地在边界上移动，但是不同物种间进行交互作用的机会较低；而曲线的边界可能使得不同物种间相互作用的机会提高。因此边界形状的设计上可视恢复计划的目标（鼓励交互作用或避免交互作用的边界）来决定。

（五）垂直多样性

河川廊道的异质性是个重要的设计因子。组成河川廊道的植物，如草、灌木、乔木大树或小树等的多样性将影响河川廊道的功能，特别是在河段尺度。

河川廊道的周边植被跟河川廊道的内部植被是相当不一样的，决定这些差异的因素可能是地形、方位、土壤、水文现象等，这将会产生多样性或不同的植被型态，是设计上需考虑的重要因素。周边的植被会从所在的河川廊道蔓生到邻近的生态系统，如果是渐进式

的改变，可使得地形上的坡度降低，减低干扰，而这些缓冲地带使得生物的歧异度增加，并可以对一些养分或能量产生缓冲作用。

虽然人为活动经常使周边地区产生剧烈的改变，但在自然状况下，诸如以上渐进式的改变应该要通过设计来达到目的。植被群落和土地的型态应该要能够反映出所使用的参考河川廊道的结构性变化，为了要维持河川廊道周边植物覆盖的延续性，比较高的树林可以被用来填补缺口使之连续；如果缺口太大，没办法用这种比较高的树木来弥补，比较适当的方式是采用渐进式的方式使周边区域大一点或坡度平缓一点。

相较于河川廊道周边垂直方面的多样性，河川廊道内部呈现的多样性风貌便略显不足。简言之，周边的植被可能是灌木丛，不容易穿越；但内部可能有比较大的开放森林空间，提供较容易穿越与活动的区域，其间的断枝与枯倒树木也发挥重要的栖息地功能。当设计恢复河川廊道内部的植被时，植物结构的多样性便可以不如周边地区的繁复。如果不知道如何去获得这些信息，河川廊道参考系统可以提供有价值的信息，对设计会有帮助。

（六）水文和河川动力学影响

河滩地的植被群落在水平多样性上的特征，通常是由河川的流动与泛滥所产生。如前所述，设计河川廊道植物的恢复时，附近的参考河川系统可以作为判定或选择适合的植物种类或群落的依据。然而河川整治进行之前已存在的植物，会影响到水流与泥沙的特性。故在决定河滩地之间的植物时，对于河川的水流与较大的洪水必须要有适度的了解，可向水利管理规划单位取得充分的数据。

此外，野外河川的尺度数据、现场土地的型态及植物、决定河滩地的水文现象等也是要重点考虑的因素，有时可根据对当地居民的访谈或航拍图，判断河川是否已经有取水、地形地貌的改变等情况。

（七）河滩地和漫流高地土壤生物工程

所谓的土壤生物工程（Soil Bioengineering）是使用植物材料，结合自然或人工合成材料来进行边坡的稳定、冲蚀的控制或植物的建立等，类似生态工程（法）。事实上，有很多土壤的生物工程系统可供选择，对于一个成功的恢复方案，选择适合的系统相当重要。有关这方面可供参考的法令和文献有：（手册：NRCS Engineering Field Handbook；法令：USDA - NRCS 1996，USDA - NRCS 1992）。

四、栖息地生态工程（工法）

河川栖息地生态工程（工法）（Eco - Engineering Measures）的实施有可能是个别行动，或在整个恢复计划中考虑改善栖息地。可能是针对特定的物种也可能是针对整体的物种进行考虑。某些工法能够对栖息地进行短期的改善，也能够延伸栖息地所要达成的目标。

一些河川内（Instream）、河川护岸（Streambank）、水资源管理、河道重建、河川廊道工法与集水区经营管理措施，以及相关工法的示意图与说明，可参考 USDA（2001）的原著图说，此处不重复说明。

五、河川恢复

某些事件对于河道的干扰是相当严重的，例如极端的水文事件或公路的建造，有些甚至严重到必须要进行河川重新整治的程度。在重建河道的时候，规划规模是相当重要的，例如河道宽度、深度、断面的形状、断面的型态、坡度及不同河道级序连接等，或许这些是河川廊道恢复设计中最困难的部分。在河道的重建案例当中，有两个主要的考虑方式：

（1）对于单一物种的恢复考虑。即选择目标物种，进而考虑其生活史或栖息地需求等。

（2）针对整体生态系统的恢复或生态系统的经营管理进行考虑。

以上两种方式皆有人使用，但本书较倾向推荐后者。

（一）河道重建过程

如果因为集水区土地使用的改变导致河川的输沙与水文现象改变，恢复历史旧河道的恢复目标并不恰当。某些案例中，设计新的河道确实有其必要性，下列提出设计过程供参考：

（1）对集水区及其水文特性进行描述。

（2）考虑到河段及其它的限制条件，进而选择一个比较好的河道恢复方式，并计算河谷的长度与河谷的坡度。

（3）决定新河道的底床质粒径大小。

很多河道设计的理论都需要去收集底床泥沙的颗粒大小与粒径分布数据，如果恢复计划并不倾向改变河床，应该要对现存河道的底床粒径采样后进行分析。由于现有底床粒径分布显然已受到干扰，因此若要找出受到扰动前的情况，可以参考类似河川底床粒径的大小。

自然河川的流速、水深及底床颗粒大小随时空不断变化。有些河川中常见泥沙和砾石的混合体，这种情况下泥沙平均粒径 D_{50} 并不能代表河床真正的性质。如果一条河川的底床有很好的保护层，水流在其上的状况（所产生的行为）可以较高百分比的粒径做代表（如 D_{75}）。在某些案例中，当一个新的河道被开挖出来，如果是非粘性的河床质所构成的材料，可能会发展出一层保护层，在这种情况下，设计者必须预测这些保护层可能的粒径。

进行水力分析，必须选择所需的设计流量。传统的河道分析会依据选择河道的大小，根据某一设计流量或某一设计水位进行分析。设计流量通常是由洪水频率分析求得。

恢复设计第一步是决定设计流量，而不是控制水位。在美国，经常选择重现期为一年到三年的洪水或河川的基流量。

要预测稳定的平面型态，河道的平面型态通常可以分成直线段、辫状段或蜿蜒段，所以一个河川变换范围相当大，可能从直线变换成蜿蜒，然后又变换成辫状的河川。在自然状态下，直线的稳定河道非常罕见，蜿蜒与辫状河道比较普遍。

（二）河道的排列次序与平均坡度

在某些案例中，基于恢复目的，有时会将一个直线段河道转换成蜿蜒段河道。当河川

的底床质推移数量不大时，选择适当的河床坡度和河道大小来设计一定流速的流量，该流量可以大到预防泥沙的沉积，也可以避免河床的冲蚀。这种方法通常比较适用于稳定或变动不大的河床，例如具有大块石的河川，一旦知道河床的平均坡度，河道的长度就可以计算出来。

（三）河道大小

河道的大小有两个因素，包括河道的宽度与深度，这些数值可根据参照流量、输沙量、泥沙粒径大小、护岸的植被、粗糙度及平均坡度确定。一般而言，河道一定小于所采用的河川廊道的宽度，而水深可能是与上游、下游的控制条件有关，这些控制条件可能包含水位、粗糙度及周遭的底床高。对某些案例来说，堤防或防洪墙必须要满足设立的条件限制或防洪的需求。在这个步骤中，整个河川不应只使用一个平均值，也就是说，在局部设计时，坡度应是每个地方都不同，横断面也应该具有物理上的多样性。自然河川的断面形状与流量、输沙量、地质、粗糙度、底床坡度、护岸植被及底床的材质有关系。在使用公式计算时，有时会忽略护岸材质多样性的影响，护岸材质由许多不同的植物或底质所构成，利用相关公式或模型时需特别注意。

（四）参考河段

选择河道的宽度、深度，最简单的方法是参考邻近集水区类似河川的稳定条件，但难点在于如何找到合适的参考河段。可供参考的河段，必须要是稳定的，在河流形态与生态上的条件都要是稳定的。除此之外，参考河段与规划的恢复方案河段也必须是类似的，至少要达到水文、输沙及底质护岸的材质是类似的。

参考河段的第一个意义是，参考河段可以作为要进行恢复设计的河段在几何上的一个样板。参考河段的宽度、深度、坡度及平面形状的特性，可以被转移到设计的河段（不论是完全一样或使用解析方法、经验公式来调整）。不管恢复的河段如何，都不可是参考河段的复制品。为了降低不确定性，可能要选择很多的河段做参考，根据深度、宽度资料区分成不同的群组，作为参考的分类。

使用参考河段的第二个意义是，这个河段具有恢复的生物或生态环境目标。例如，城市地区的河川，可以找一个邻近的、集水区尚未受到冲击的河川提供指引，即使其现存的水深型态与河岸的生态情况在将来也可能受到类似的影响。虽然此类参考不可能协助城市地区的河川恢复到开发之前的状况，但是至少可以提供未来开发时的指引。

（五）水流型态

水流型态（Flow Regime）的应用与水利几何特性的方法如下：

（1）结构物不能被视为是河岸区域或漫流高地经营的替代品。

（2）营建施工的技术、定义生态目的、现场的选择是同等重要的。

（3）过度加强结构物的稳定会限制栖息地的发展潜力。

（4）强烈建议就地取材，例如以当地的石头或木材作为材料。

（5）结构物必须要定期进行维护管理，在规划时就要拟定维护管理计划。

（六）河川中栖息地结构与设计

在设计水域栖息地结构时应遵循下列步骤（Shields，1983），这些程序必须要反复检验：

南势溪

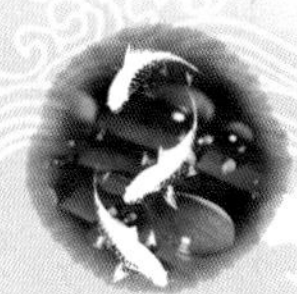

（1）平面配置。

（2）选择结构的型态。

（3）结构的大小尺度。

（4）调查水力方面的因素。

（5）考虑输沙的作用。

（6）选择设计的结构与使用的材料。

（七）平面配置

谨慎选择栖息地结构的位置，避免跟现场所在的桥梁、河岸结构及现存的栖息地产生冲突。结构采用的强度取决于栖息地需求以及河川的地形、物理特性。

考虑到结构体放置于水里，设计的时候要特别小心，结构物应该采取间隔错置的方式，避免广大的区域呈现单调的情况。对于连续的堰坝设置，其配置应该小心谨慎，避免产生回水效应。

（八）结构物型态选择

水中栖息地的主要结构物型态大概可以分成堰坝、堤（有时候可以称为水中突出物、潜板或丁坝、堆石及护岸的植被）。此外广义的结构物也包括人工的滩区、鱼道及湿地植被等。

过去有些证据显示出传统的混凝土构造物或护岸对于河川、河床的稳定可能有很好的效果，但以生态的观点来看，应该做适度修正，这些修正对其功能不造成损失，但却能比较切合环境上的需求，增加栖息地与生物的歧异度。

（九）结构物大小

就河川中结构物的大小尺度而言，应以能形成适当的水生栖息地为首要考虑。流况的考虑从平常的基流量到满岸流的范围都要涵盖，一般的水文分析可以提供河川流量的范围（如流量与时间曲线中的极端洪水量、基流量的估计）。以恢复的观点来考虑，在满岸流的流量情况下，结构物对于整个河川的纵向水面线不应该产生很大的影响。

（十）调查水力情形

在设计流量中，水力分析要提供欲达到的栖息地情况的信息，不论是在高或低流量都必须要评估反应状况。例如设置于水中的连续低矮固床工程（低坝群），在极端的水文流量情况下，是否对鱼类迁徙造成障碍，若是无法为水流所淹没，则应该在设计时避免。

如果结构物的功能防洪或输水，应调查或以模型试算结构物在高流量时的水位；对于结构物在束缩段、为低矮的堰坝或增加粗糙度的情况下，则有必要进行标准回水演算，根据法令依据判断演算出来的洪水位增加量是否可被接受。由于堰坝或堤防所造成的冲刷坑是不可避免的，并且会改变河道的几何形状，水力分析时应包含估算流速或拖拽力的影响。

（十一）考虑输沙作用影响

如果水力分析结果显示随着河道的水位与流量关系发生改变，输沙的率定曲线（Sediment Rating Curve）也会随之变化，将导致河道的淤积或冲刷。过去的经验显示，数值的模拟模型对于水中栖息地实际结构的预测有些帮助，但有时并不是很准确。因此，仍希望能更明确地找出未来可能发生淤积或冲刷的位置、规模及数量。对于计划中预期会发生很大的冲刷或淤积的地点，在完工后应该列为主要的监测地点。

（十二）选择材料

水中栖息地结构的使用材料可能包含块石、树藤、木桩及枯倒树木等，决定使用的材料时，应该要依据现场的自然条件选择使用的优先次序。有些案例可能会应用到块石或巨木来构筑河道或其它的部分；有些则采用原木来作为材料，如果保存得当或一直沉浸在水中，往往可以维持相当长的时间，甚至可达几十年。但如果有时暴晒在空气中，有时又浸在水中，则使用年限便会大大地缩短。

对于设计与分析的结果，如果流速与拖拽力太大，必须使用块石材料时，应仔细计算其粒径大小。

六、土地使用愿景

大部分的河川廊道退化与土地利用不当有直接的关系。土地利用导致水文现象改变（如径流量的增加），而水文现象改变可以为已经退化的河川廊道提供恢复的机会。恢复的目标应该在于尽力消除生态系统产生衰竭退化的影响因素，恢复栖息地的动态平衡。对于慢性影响河川、河岸系统的因素，若不加以控制，则整个恢复方案便会徒劳无功。

有些恢复工法可以用在某些特定的地点，不足之处例如控制冲蚀护岸，或局部栖地改善，但是这些作法并不能被视为自我维持的过程，倒是比较像修理器具的过程，即头痛医头、脚痛医脚。

（一）设计方法

河川廊道的干扰中，不论是农业、林业、矿业、休闲娱乐业、城市化等，都可能成为土地使用主要的干扰因子。通过对集水区中的这些因子进行分析，可整理出土地所造成的影响，有时会影响到河川廊道的内部或外部。如果能考虑这些因素并找到解答，将大大提高恢复计划的有效性和成功的机会。

对于农业或林业的影响因子，处理的工法可能类似。例如对泥沙与养分的控制，在农业、林业地区都要使用缓冲带，虽然缓冲带在个别地区可能有其特定做法。但基本上都必须划设一个区间来操作，以进行泥沙与养分的控制。

（二）水坝

水坝的设立将会改变水流量、泥沙量、有机质及养分，直接导致物理性质的改变，也间接地改变生物形态。对于水坝上方与下方的河道，恢复的操作和维护管理方式不尽相同。

建造水坝对于地表水的水质、水深及河岸区域会造成影响，这些需要详加分析，且其潜在影响也要进一步分析。一个好的设计与操作管理原则，也就是所谓的最佳管理规划（Best Management Practice，简称 BMP），能够有效降低坝、堤产生的影响，对下游的河岸区与河滩地的栖息地也是一样。最佳管理方式可以单独应用在地表水的水质控制和水生栖息地上，也可以将这几个项目结合起来加以应用。

BMP 对于改善溶解氧、水温及水库的其它因子已经有些不错的方法。例如为了增加

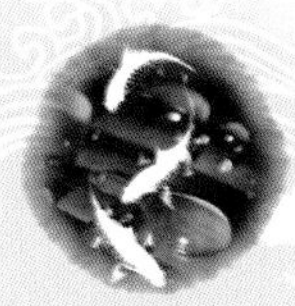

水库当中的溶解氧，利用曝气的方式将氧气注入低温水层中，通过与溶解氧量比较高的温水层相互的质量交换，使水库的溶解氧提高。另外一个曾经用在发电厂尾水处理中的方法，通过打气的方式使溶解氧量提高，为鲑、鳟等鱼类提高所需的溶解氧量。

对于已经退化的河川与溪流生态系统，在堰坝上构筑适当的鱼道设施，是相当重要的恢复工作。然而对鱼道及其附属设施的设计，必须依照具体情况确定。适度的改变水坝的操作方式，也可以达到改善水质的效果，例如改变水库释放水量可改善下游栖息地的情况。河川廊道恢复，特别是在水坝以下，可以通过设定水库的操作程序或规则来减轻水坝对生态环境的影响，可能包括水库流量下泄的时间表，或改变水库排水、蓄水的时段。美国环境保护署已有明确的规定，维持河川最低的流量，或在溪内进行季节性的调整泄流，使得潭、滩区能达到一定的水准以上。所以水坝下的河川廊道恢复通常要修正操作和经营管理方式，并结合适当的设计，才能构成所谓的最佳管理方式。不过以上所提到的这些方式，只是对河川溪流栖息地进行部分地恢复，如果要真正的恢复，必须要考虑坝体的拆除。但是移除坝体工事非同小可，必须进行充分的研究与模拟，对于所需要的费用也要充分了解。因为移除一个大型坝通常会引起另一个更大的灾害，对上、下游都是如此，而且灾害的程度往往会比现存大坝的危害问题更大。

坝体的移除虽然有时会有些生态上的意义，但是如果其位置低于上游支流的高程，可能会引起护岸与河床的不稳定，并会增加输沙量。此外，坝体的移除也有可能导致湿地面积减少或丧失、上下游栖息地的改变。

坝体的移除通常有下列情况：

（1）全部移除。

（2）部分移除。

（3）坝体开缺口。

选择的依据在于坝体的情况与未来维护管理所需要达成的状况。对于存留在坝体后面的淤沙，也要进行处理，在处理泥沙时，要注意以下事项：

（1）在移除水坝的时候，必须要对鱼类的通道进行考虑，并确保其安全。

（2）对河道的地形变化、水质变化、输沙现象及水中生态的变化，必须进行长时间的监测。

（3）对于原本的生活用水与工业用水水源的长期考虑。

（4）对于消减洪水量的影响方面，长期会不会造成河川的冲积。

（5）对于进入这个区域的泥沙会不会造成重大的影响。

此外水质问题，包含悬浮泥沙浓度、毒性物质和浊度的问题也相当重要。一般来说，水库存在的时候，水质的浊度通常是因细颗粒的泥沙或粘土引起。如果是在坝体进行移除或部分移除的情况下，就会受到自然的泥沙影响，在移除坝体的时候，水库底部将会暴露出来，并堆积大量的漂流物或其它有机质。所以原来水库底部暴露出来的土地范围，以控制其地表与冲蚀现象来恢复栖息地。

泥沙经营管理必须要考虑下列事项：

（1）泥沙体积及其物理特性。

（2）泥沙运用的可能性、处理的办法与需求。

（3）水库的水力、生物特性及下游河道的状况。

（4）泥沙经营管理的替代方案。

（5）对下游环境及其河道水力冲击的影响。

（6）比较经济的泥沙处理方式。

泥沙的经营管理目标应该考虑到防洪、水质、湿地、渔业、生态区域及河岸区域等方面。

对于一个即将移除的水力发电厂大坝（如川流式电厂），最简单的处理方式是拆除水轮机与封存通往机房的通水道，保留原有水道，将原本的水坝、结构物留在原地，这样对河川的输沙现象并未产生任何改变，且水力与物理特性亦维持原样。此法为美国的案例，确认能减轻生态影响，其长期的经营管理亦验证该法确实可行。

（三）渠道化和取水工程

河川的渠道化和取水工程代表对自然的水文现象做了某种程度的改变，往往是伴随着土地使用需求而来的。在恢复设计方案里，要仔细考虑它们的作用与影响。在某些案例中，为迁就现有渠道改修或打掉已有设计方案再重新设计；有时为了达到恢复目的，会使其恢复到以前自然的生态状况或水文状况。

非工程的方法包括操作维护和管理措施，可以改善某些负面的效应，而不用改变现有功能以产生额外的问题。工程的方法，譬如可以把堤防往后退缩，使河道变宽，可以重新定义河川廊道范围，然后再重新建立河滩地的某些自然功能。在进行堤岸退缩的构想时，甚至可以考虑允许满岸流的洪水通过堤防，让地表水跟河川里面的水，例如河滩地的水与湿地水有相互交换的机会。至于河川内部的改变，例如均一化的断面或底床的混凝土化，都应该进行改变，甚至要打掉移除。对于弯道的设计，可以重建使其能够恢复到具有自然河道的特性。事实上，在很多案例中，土地的使用将会限制现有河道或河滩地的改造工作。在这种情况下，就要考虑对于现存河道的改变是否具成效、是否值得进行大幅度的修改。

（四）外来物种

河川廊道恢复的经营管理中，外来物种的入侵是常见的问题。某些土地的利用方式，容易导致外来种的入侵而变得难以控制。对于大面积的植栽范围，有时候对于外来种入侵问题的控制是很困难的。在某些地区使用除草剂或杀虫剂，将会影响到湿地与滨溪区域环境，且对于某些外来物种而言，喷洒药剂甚至是无效的。当侵略性很强的外来种已经存在的时候，避免采取不必要且无谓的措施。

对于外来种（包括植物、动物）应该要连根拔除、予以消灭，以避免对于现有环境中已存在的原生或人工培育的物种造成竞争，包括湿度、养分、阳光及生存空间等。一般对于外来物种的控制，植物方面可能采用机械式的做法，例如除草机除草；或化学式的做法，例如选用适当的除草剂或用火。

（五）农业

农业土地使用方面的影响包括植物栽培、河川内的改变、土壤的覆盖、灌溉、排水及泥沙污染物的产生等。

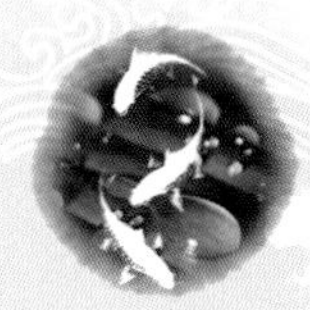

（六）林道

山区影响恢复方案成败的重大因子包括林业经营单位所开辟的林道；不适当的排水设计、规模大小、设置位置与涵洞；缺乏控制的方法、山壁坡脚的截除、护坡、设计不当的水沟等，这些都有可能造成负面的影响。

比较激进的做法是把整个道路封闭起来，若要封闭整个道路，跨越河川的涵洞可能需要移除，甚至要刨除原有的路面，使得植物能够再度生长。若植物不容易在这个区域生长，可能需要人工植栽或播种。对于仍有通行需要的道路，适当的限制交通流量是有必要的，此时可设置交通障碍，例如管制门、围篱或壕沟，但即使采取了交通限制措施，仍然需要进行维护与检查。特别是经过较大的暴风雨后，需要去检查道路的涵洞或排水设置是否仍然完好。在设计这些林道时，要考虑到将来进行定期维护管理的可能性，维护管理的工作包含道路的修整、壕沟的清理、涵洞的清理、冲蚀的控制、植物建立及植物的管理。

（七）以森林型式存在的缓冲带

缓冲带以森林型式存在优于地被型式缓冲带，然而不论是哪一种缓冲带，对于河川流量的供给都非常敏感。缓冲带的设置可以视作河川廊道保护系统的一部分，可增加廊道营造成功的几率。Budd 等（1987 年）发展一个决定缓冲带宽度的方法，在美国沿太平洋西北地区，主要考虑的对象是鱼类与野生动物品质的维持（包括河川的水温、食物来源、河川的结构、泥沙控制等），最后发现缓冲带的有效宽度随着下列因子变化：

（1）邻近漫流高地的坡度。

（2）湿地的分布。

（3）土壤与植被的设计。

（4）土地使用。

确定河川缓冲带可以利用上述分析，但是必须注意到这不是考虑人类的需求，而是就栖息地的维持进行考虑。此外，定义缓冲带的宽度涉及生态功能和土地使用的层面。由于河川廊道的大小会变化，所以河川廊道缓冲带的宽度也会随之变化，这个缓冲带可能是廊道的一部分或全部。相较于林产与森林物业有严格划一的法规限制，美国各个州根据不同方面的考虑对于河川廊道的设计都有其各自特殊的要求。

经营管理一个生态系统使其越贴近自然生态过程而发挥功能时，意味着恢复成功的可能性越大。畜牧业对于河川廊道的影响其实相当严重，在畜牧地区的经营管理上，植被的恢复常会比设置一个结构物要来得有效。相对于人工结构物，植物的维持能够比较长久，功能与建造人工构造物的功能一样。增进植物恢复的方法很多，灌木物种能够控制河道冲蚀，并能增加河道的稳定度，一旦植物被建立起来之后，河槽的高程就会因为泥沙的沉积而逐渐增高，河岸也会有些堆积的现象，水位也会抬升。虽然植物会使得河道淤积，洪水位略微升高，但会使更多的水分储存在河段里面，因此在干旱季节提供可用的流量。如果没有植物，虽然洪水可以很快地下泄，但水分没有办法涵养在河川里面，干季的时候也就无水可用。

（八）钓鱼休闲活动对土地使用的影响

不论是集中式或分布式的休闲、钓鱼活动，都可能对河川廊道造成伤害，而且会造成生态的改变。造成伤害主要是因为休闲、游憩的使用者必须要通过河川廊道，通常被踏出来的小径是通过河川的快捷方式。此外，越野摩托车或四轮传动车辆所造成的伤害见图9.1，可能又比前述人为伤害大。进行恢复方案设计时，对于恢复区的通行控制是很重要的。在未开发、经营管理的场地，对车辆的管制虽然困难但很有必要；至于在严重退化的休闲娱乐区域进行栖息地恢复，亦应暂时封闭或划设为保护区，例如暂时封闭露营区、野餐区或通过河川的路径，并且引入适当的植物与土壤的改良方法。但是一味封闭并不是长久之计，有时为了要找到解决的方法，可设置新的穿越小径、钓鱼的新点。

图9.1　四轮传动车辆越溪的影响
（拍摄者：胡通哲）

一个成功的设计有下列几个关键因素：

（1）对于损害最严重的区域，予以封闭或移除。

（2）限制观光客或访客的使用。

（3）对封闭的地区进行栖息地改善的工作。

（九）城市化对土地使用的影响

当一个集水区从郊区到城市时，其排水会产生流量与输沙量的改变。水流设计方面，设计者必须要指出现存的自然水文状况，以及土地使用改变将会对水文与泥沙产生的影响。在工程的初期，会产生比较多的泥沙，可能会沉积在下游的河道或河滩地上。当城市化的时候，增加土地面积的不透水层使洪峰流量增加，河道扩大使得下游的输沙量增加。在进行水文分析的时候必须要理清以下问题：

（1）集水区是否已经完全城市化。

（2）是否只有某块区域城市化。

（3）集水区是否处于刚要进行城市化的阶段。

过去的研究显示，集水区的不透水面积增加10%～15%，满岸的洪水事件就会显著增加。城市化所造成的洪水量增加与河道的扩大，可以用数值模型进行模拟，这里不多做叙述。但是对于洪水量的改变，则可通过城市计划的方法来降低影响，这些方法比较强调植栽的使用、生态工程（法）及结构物的控制方法，其目的在于维持水质变好或降低洪峰流量。

控制径流量有以下方法：

（1）增加降雨的入渗量，使得河川的流量能够降低。

（2）增加地表与地下水的储蓄量，降低洪峰流量，并且使得泥沙可以沉积。

（3）对于悬浮的泥沙或可溶解的污染物进行过滤或生物的处理（例如建造人工湿地）。

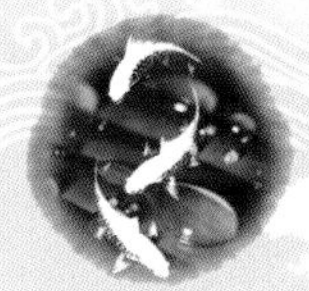

（4）建立滨溪的缓冲带。

（5）在交通与公路网里面，利用排水管道进行经营管理工作（例如滞洪池或暴雨径流控制设施）。

（6）引入原生树木及灌木的植栽。

除了流量的改变，城市化也会引起输沙量的改变。在潮湿地区，植物可以适当的保护土壤并减轻自然的冲蚀现象。对于城市化地区，结合透水面积与适当的植栽，或可减少输沙量。但是在城市化的施工过程当中，当所有的植物都被清除，裸露光秃秃的土壤，会造成输沙量大量增加。对于具有泥沙问题的集水区，冲蚀与泥沙控制要满足下列目标：

（1）划设出公路、道路和街头的敏感地带。

（2）设置沉沙池或相关的设施。

（3）设法取水或使洪水不进入敏感区域。

（4）保护水道和出口处的地方。

（5）河川和廊道的保护。

（十）城市河川恢复设计的关键工具

对于城市地区的河川恢复设计，比较强调事先的控制与建立恢复的目标。城市河川的恢复有以下七个工具可以运用（Chereler，1996；Schereler，1996），其目的在于尝试对集水区因城市化开发而退化的河川来做进一步的补偿，下列方法最好能够结合使用。

工具1：对于环境进行部分恢复，使其恢复到尚未开发之前的水文状况。主要的目标在于降低满岸洪水的发生频率，比较常见的做法是设置滞洪池，可使得流量降低，延后流量到达下游出口的时间。滞洪池的设计对于中小型的河川非常重要，但对于大型的河川，有时候可能作用不是那么大。

工具2：降低城市污染物的影响。在城市型河川的恢复当中，主要的目的之一是降低细菌与毒性物质流入河川的浓度，并希望能够拦截超量的泥沙，一般有三个方法可以降低污染物的流入：

（1）设置滞洪池或湿地。

（2）集水区的污染防治措施。

（3）减低非法的污水排放。

工具3：稳定河道的地形。长久以来城市化的河川经常会有严重的护岸崩坍与河床冲淤问题，因此稳定河道是一件相当重要的事情，应尽可能维持河道的几何形状达到一个冲淤平衡的状态。

工具4：加强植物栽培是改善鱼类栖息地的好方法。可视河川的级别来决定稳定河道与预防进一步冲蚀的方法。

工具5：重建河岸的植被群落，特别是沿着河边的网络。例如在河岸重新造林时，要采用原生种，督导作业必须落实确认，才会慢慢地恢复到原来植物的样貌。城市化河岸的河川廊道，周遭应该具备宽敞的缓冲带。例如图9.2为严重冲蚀的护岸，可人为栽种植被，重建河岸。

工具6：保护关键性的河川底质。一个稳定而且恢复良好的河川，对于鱼类产卵与水栖昆虫的栖息地需求是十分殷切且相当重要的。城市化河川的底床当相当不稳定而且会聚集着很多细沙或沉泥淤积。对于城市河川，经常需要应用一些方法来恢复河川的底质品质，可以通过城市化河川在暴雨时期的水流能量冲刷河川底质。例如通过在河道中装置一种叫做双翼潜板的设置，或让水流集中在某一部位让其冲刷。如果河川中的泥沙已经聚集在河川上面，有时机械移除也是必要的。

图 9.2　严重冲蚀的护岸（拍摄者：胡通哲）

工具 7：允许河川中的生物族群再度返回这个栖息地。对于鱼类族群来说，在城市化的河川中要做到鱼类族群再度回来是一件不容易的事情。如果下游的河川对于鱼类的洄游产生障碍，就会困难重重，因此必须要涵盖鱼类生态学家的意见与判断，来决定下游构造物是否会对鱼类产生洄游障碍、这些障碍物是可否以被移除、或是否将下游捕捉的鱼类带到上游的河段放流，使其能够再度生存于此河段。

七、物理栖息地模拟

物理栖息地的模拟（简称 PHABSIM），是由美国鱼类及野生动物保护署根据溪内流量分析所提出来的概念。可以用来进行河川生态基流量或环境基流量的推估，用一维或二维模型计算。一维模型常运用的是 Rhabsim 软件，二维可以用 SMS - TABS2 软件计算流速、水深配合鱼类适合度计算。此外，美国 USGS 水道试验站所发展的 River2D 模型亦可运用。

（一）一维物理栖息地模拟

不同鱼类对于流速、水深、流量的适应性皆不同，需要配合河川具体特性来进行水力模型分析，再结合物种的适合度曲线，据以计算合适的栖息地面积。

通常河川生态基流量的推求有：经验法则、水文法、栖息地法等三种，以下分别加以说明。

1. 经验法则

在日本，集水区面积每 $100km^2$ 需要 0.1～ $0.3m^3/s$ 的河川生态基流量，此为经验公式。

2. 水文法

以流量站数据转换成计算机分析所用的格式，求出 0.3（平均日流量）。

3. 栖息地法

以河川断面数据进行水力模型的模拟，利用溪内水流量增分法进行运算，配合鱼类的水深、流速适合度曲线，配合不同的流量进行可用栖息地面积（简称 WUA）的计算。其栖息地面积可由下式计算：

$$WUA(k) = \sum_{i=1}^{N} [S_d(i) S_v(i) S_o(i) A(i)]$$

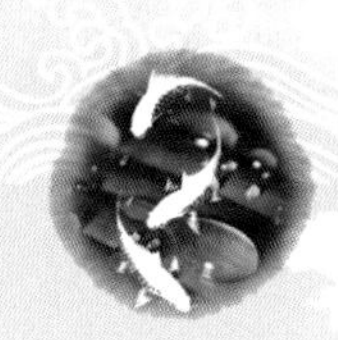

其中 S_d 为水深适合度指数（介于 0～1 之间），若为最适水深，此 S_d 指数为 1；若 S_d 指数为 0，该水深不可能有鱼类存活。S_v 为流速适合度指数（0～1），若为最适流速，S_v 指数为 1；若 S_v 指数为 0，该流速不可能有鱼类存活。S_o 指数是其它重要物理量的适合度（例如底质），若不使用，则将其视为 1.0。

采用商用软件 Rhabsim 计算较为便利，亦可自行撰写程序运算。

（二）二维物理栖息地模拟

利用二维水力模型，如 SMS－TABS2 或 River2D 模型进行修复区域的二维流速水深变化，根据鱼类适合度曲线，推估可用栖息地面积，更能达到局部区域的精确结果，可以处理河川中二维水流型态（如河中岛）的流场。

八、改善规划设计查询表

为使应用简便，规划者可采用查阅表格的方式，依照规划设计步骤进行查询，不致遗漏重要准则。规划设计查阅如表 9.2 所示。

表 9.2　规划设计查阅表

序号	项目		内容
1	河谷的型态连续性与尺寸		
	(1)	河谷型态	采用最宽广的河川廊道宽度与相临连续性的廊道，将可确保栖息地相关功能与目标的实现；有效的河川廊道宽度，保守的判定为预防化学性的污染物进入河川水体所需宽度是河道的 2～4 倍。 方法 1：参考其它的河川廊道； 方法 2：目标物种功能上的需求
	(2)	排水与地形的设计	a. 对于人工排水系统的改良； b. 人造堤岸的移除或退缩； c. 对河滩地地形的自然型态进行修复
2	土壤的性质		分析土壤的特性与性质（肥沃度、工程的限制及适合与否）及这些土壤承载的原生动物、植群
3	植被群落		尽力保护现有的原生植物，且恢复其结构，使得河川廊道可以维持连续性
	(1)	河岸缓冲带	依“迁徙廊道”（Migration Corridor）的概念，缓冲带宽度是河道宽度的 2～4 倍（依坡度不同）
	(2)	现存的植物	对于河川廊道现场的植物应该适当地予以保留，恢复植被群落的自然型态
	(3)	水平的多样性	漫流高地→边坡→河滩地的植物应该要具有多样性
	(4)	边界	边界过渡带的保留或建立。边界形状的设计视计划的目标来决定，如交互作用（曲线）或避免交互作用的边界（直线）
	(5)	垂直方面的多样性	垂直方向植物多样性应维持
	(6)	水文和河川动力的影响	可根据当地的居民访谈或利用航拍图进行判断
	(7)	河滩地和漫流高地的土壤生物工程	土壤生物工程是使用植物材料，结合自然或人工合成材料进行边坡的稳定、冲蚀的控制或植物的建立等，类似现今推动的以植生或地工合成材料为材料的生态工程（工法）可适当参考法令或手册（美国 NRCS Engineering Field Handbook；法令：USDA－NRCS 1996，USDA－NRCS 1992）

续表

序号	项　　目		内　　容
4	栖息地工法		河川栖息地生态工程（工法）的实施有可能是个别的行动，或在整个恢复计划中考虑改善栖息地；可能是对特定的物种也可能是对整体的物种进行考虑；某一些工法能够提供栖息地短期的改善，也能够延伸栖息地所要达成的目标。可参考过去发表的相关生态工程（工法）的研究
5	河川恢复		a. 对于单一物种的恢复考虑。即选择目标物种，进而考虑其生活史或栖息地需求等； b. 针对整体生态系统的恢复或生态系统的经营管理进行考虑
	(1)	河道重建的过程	a. 对集水区及其水文特性进行描述（进行水力分析，选择设计流量，多半选择洪水重现期约1～3年的流量）； b. 考虑到河段及其它的限制条件，进而选择一个比较好的河道恢复方式，并计算河谷的长度与河谷的坡度（预测河道稳定的平面型态）； c. 决定新河道的底床质的粒径大小，预测保护层的粒径，参考类似河川的底床粒径大小
	(2)	河道的大小	宽度与深度，与流量、输沙量、地质、粗糙度、底床坡度、护岸植生及底床材质有关
	(3)	参考河段	参考邻近的集水区类似河川的稳定条件
	(4)	水流型态	a. 结构物不能被视为是一个河岸区域或漫流高地经营的替代品； b. 过度加强结构物的稳定会限制到栖息地的发展潜力； c. 建议就地取材，例如以当地的石头或木材作材料； d. 结构物必须要进行定期的维护管理，在规划时就要拟定维护管理计划
	(5)	河川中的栖息地结构与设计	a. 平面配置； b. 选择结构的型态； c. 结构的大小尺度； d. 调查水力方面的因素； e. 考虑输沙的作用； f. 选择设计的结构与使用的材料
	(6)	平面配置	a. 避免跟现场所在的桥梁、河岸结构及现存的栖息地产生冲突； b. 考虑结构采用的强度； c. 避免单调； d. 堰坝配置避免产生回水效应
	(7)	结构物型态的选择	适度修正传统的混凝土构造物或护岸，使其切合环境上的需求，增加栖息地与生物的歧异度
	(8)	结构物的大小	a. 结构物大小尺度应该在于能够产生适当的水生栖息地； b. 流况范围涵盖平常的基流量到满岸流量
	(9)	调查水力情形	a. 在设计流量下，水力分析要提供欲达到的栖息地情况的信息，且不论在高流量或低流量都必须要评估反应状况； b. 避免在极端的水文流量的情况下对鱼类迁徙产生障碍； c. 以防洪输水为主要功能的结构物，需计算其在高流量、束缩段的反应
	(10)	考虑输沙作用的影响	a. 输沙率定曲线； b. 在预期会发生剧烈冲刷或淤积的地点进行监测
	(11)	选择材料	a. 依据现场的自然条件，来选择使用的优先次序； b. 考虑流速与剪应力，选择块石材料的粒径大小

续表

序号	项　　目	内　　容
6	土地使用愿景	恢复的目标应该在于尽力消除使生态系产生衰竭退化的影响因素，使栖息地恢复动态平衡。并且控制慢性影响河川与河岸系统的一些因素
	(1) 土地使用影响因子设计方法	分析集水区中土地使用的干扰因子，并针对因子提出设计方案，例如农业区设立适当缓冲带
	(2) 水坝	a. 详加分析水坝的影响，以 BMP（最佳管理规划）原则进行； b. 对于已经退化的河川与溪流生态系统，在堰坝建造适当的鱼道设施； c. 坝体移除的考虑； d. 泥沙的经营管理目标，包括防洪、水质、湿地、渔业、生态区域及河岸区域等方面
	(3) 渠道化和取水工程	a. 工程方法：堤岸退缩等； b. 非工程方法：操作维护和管理措施
	(4) 外来物种	a. 外来种应该要连根拔除或予以消灭； b. 侵略性很强的外来种已经存在的时候，避免采取不必要的干扰或无谓的措施
	(5) 农业	影响通常包括植物、河川中的改变、土壤的覆盖、灌溉、排水及泥沙污染物的产生等
	(6) 林道	a. 设计林道时，要考虑到将来定期维护管理的可能性（包含道路修整、壕沟清理、涵洞清理、冲蚀控制、植栽建立及管理）； b. 对于仍有通行需要的道路，适当的限制交通流量
	(7) 以森林型式存在的缓冲带	影响缓冲带有效宽度的变化因子： a. 邻近漫流高地的坡度； b. 湿地的分布； c. 土壤与植被的设计； d. 土地使用
	(8) 畜牧业的土地使用	注重畜牧地区的植物经营管理
	(9) 钓鱼休闲活动对土地使用的影响	一个成功的设计有下列几个关键因素： a. 对于损害最严重的区域，予以封闭或移除； b. 限制观光客或游客的使用； c. 对封闭的地区进行栖息地改善的工作
	(10) 城市化对土地使用的影响	问题理清： a. 集水区是否已经完全都市化； b. 是否只有某块区域都市化； c. 集水区是否处于刚要进行都市化的阶段； d. 控制径流量； e. 增加降雨的入渗量，使得河川的流量能够降低； f. 增加地表与地下水的储蓄量，降低洪峰流量，并且使泥沙可以沉积； g. 对于悬浮的泥沙或可溶解的污染物进行过滤或生物的处理； h. 设置滨溪的缓冲带； i. 在交通与公路网里面，利用排水管道进行一些经营管理的工作； j. 引入树木与灌木； k. 冲蚀与泥沙控制； l. 划设出公路、道路的敏感地带； m. 设置沉沙池或相关的设施； n. 设法使洪水不要进入敏感区域； o. 保护水道与出口处的地方

续表

序号	项　目		内　容
6	(11)	城市河川恢复设计的关键工具	a. 降低满岸洪水的发生频率； b. 降低污染物的流入； c. 稳定河道的地形； d. 加强植栽、稳定河道、预防冲蚀； e. 重建河岸的植被群落； f. 保护关键河川底质； g. 去除河川生物族群的障碍
7	物理栖息地模拟和生态基流量		a. 一维物理栖息地模拟； b. 二维物理栖息地模拟； c. 生态基流量：经验法则、水文法、栖息地法

第十章　实 施 与 评 估

本章讨论恢复方案的实施（Implement）、监测评估与维护管理、工作的执行及评估所需的技术。

一、实施

河川廊道的恢复方案是否完成的关键在于实施。恢复方案的实施主要是考虑如何去做，而不是如何去规划，但仍需要较高水平的技术。

（一）寻求财务支持

任何河川廊道恢复方案的启动，最重要的是找到支持资金或财政来源。换言之，在执行恢复方案前，必须要确保所有资金已经到位。资金的来源有不同的渠道，例如地主（土地受益者）、公众或个人。一般的情况并不是所有的资金都能够投入到恢复工作，资金不足的情况很常见，此时确定工作的优先次序便显得很重要。因为一个恢复工作若显现初步的成效，其它的资金缺口就会较容易募得。在台湾实施恢复工作，初期可由行政管理全额补助，等到有成效案例广为宣传后，再逐步采取部分或全额募款方式。

（二）善用已有资源及工具

为了使恢复工作开展得更顺利，可以运用某些工具，譬如奖励措施或补助措施，对地主采取奖补助措施往往是相当有效的。奖励措施包括成本分摊的减免、税金的减免或技术上的支持，往往都能够激励私有土地的土地拥有者来帮助实施恢复方案的工作，即使这些土地拥有者并不是恢复方案的直接受惠者，但是整体环境的提升也是他们所乐见的。

除了奖励措施外，法令的制定往往是最有效和直接的方法，能够有效地管控土地的不当使用与不同的土地活动，必须注意以下几点：

（1）有效的教育推广、技术支持、成本分摊、成果共享。

（2）强制性的实施有时候需付出很高的代价，因为无法顾及整体，且没有照顾到某些个人的需求。

（3）可同时采用不同措施，例如不同的市场奖励机制，发展民宿、休闲、观光；商议成本共同负担的比率。

（4）以法令作为后盾，比较容易执行计划，也更容易获取财政支持。

（三）责任分配

对于恢复方案工作执行的责任分配，必须要相当明确。整个恢复方案的实施过程中，从设计阶段到实施阶段，参与的个人或机关团体的责任分担必须交代清楚。也就是说，从评估阶段到实施阶段某些参与者在恢复方案中的角色会转变。主管机关或决策者在顾问团队或咨询小组的帮助之下，可指定这个工作的主持人或关键人物。为了确保责任的落实或实施，决策者或主管机关及顾问团队或咨询小组，有时可委托一个优秀尽责的技术团队，这个技术团队将会经管整个恢复方案实施的过程，负责协调其它参与者，例如承包商或义工等。

通常恢复方案实施的责任个人或团体包括：

(1) 决策者。

(2) 顾问团队。

(3) 技术团队（财务分析）。

(4) 技术团队（经济性分析）。

(5) 技术团队（河川廊道结构与功能性的分析者）。

(6) 技术团队（协调与管理恢复方案的执行）。

(7) 技术团队（社会和文化问题分析）。

(8) 义工与承包商。

（四）跨领域技术团队

有些重要的问题必须要理清：

(1) 整个恢复方案的实施需要多少时间？

(2) 哪些工作是比较关键的？

(3) 恢复方案需要寻求什么样的资源？

(4) 谁来做不同的恢复工作？

(5) 执行的团队是否有能力进行工作？

(6) 沟通工作是否适当，责任是否分工明确？

(7) 是否考虑到潜在的风险？

对于河川廊道恢复来说，自愿的义工参与可能是最有效率的方法。恢复方案的某些工作、活动很适合义工来做，例如利用植被来稳定边坡，这种属于体力且不致过于粗重的工作，适合他们来做。

这些自愿的义工并不需要很好的技巧或技术（除了他们的领队以外），工作时也可一边做一边学。必须要注意到义工并不是完全免费的，例如使用的工具、交通运输的问题、用餐的问题、保险及训练，这可能会有些花费，须控制在预算额度内。

（五）承包商

恢复方案的施工过程中，承包商要担负最大的责任。恢复中的某些工作，承包商是不可或缺，如进行河道改善、设置河川的结构物、进行边坡的植物栽种，这些工作在合同中必须明确界定，确保能够顺利完成工作。虽然主要的工作是由承包商来执行，但技术团队适时的相互沟通是很重要的，团队还应在现场给予适当指导，施工之前召开必要的会议，决定进度或审查。

责任区分的最后一项工作是寻求承诺，任何答应要帮助实施恢复方案的人或机关组织应该要作出承诺，承诺可能有以下两种形式：

(1) 不论是政府单位、私人企业、个人或其它的志愿者，可提供资金支持；

(2) 通过实际行动帮助方案的实施。为保证承诺的实现，可签署文件的备忘录，备忘

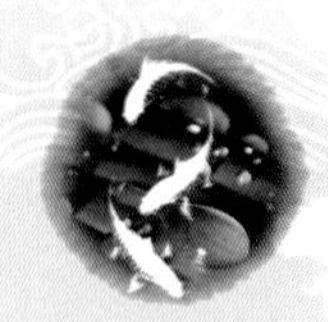

录就是双方同意做某件事情而见诸文字的文件。

（六）进行恢复

河川廊道恢复工作的最后一个项目就是启动工作，如果这个计划包含一些土木工程，主要的工作就由承包商来执行。承包商需要做一些不同的工作，例如大范围的河道改良，或小范围的边坡植物栽培工作。这些工作包含许多步骤，如现场的准备、清理、施工及最后验收，每一个步骤都要交代清楚，确保工作能够成功。此外在施工的过程中要尽量小心，例如某些前期工作很重要，可避免对环境产生负面影响。

（七）定出时间表

（1）取得某些必要的许可：譬如要进行河川中鱼类的电鱼法调查，就需要得到相关主管机关的允许；或在保护区里面施工，就必须要符合相关的法规许可。

（2）举办施工前的研讨：举办施工前的研讨会对于管理者、承包商或志愿参与者都是必要的，举办的目的在于清楚了解责任分工，将来定期的报告与如何运作的机制也可在研讨会上说清楚。

（3）将私人产业的土地拥有者包含进来：如果可能的话，掌管进度的计划经理者应该去拜访周遭的邻居，包含土地拥有者或土地承租者，使其了解噪音、空气污染等可能对环境产生的影响。

（4）确保施工场区的通行权：对于进入土地拥有者产业通行许可的取得，是一件重要的事情，目的在于确保施工机具、车辆能够顺利的通行。

（5）确保可用资源与材料的标准。

（八）成功要点

（1）有一个能掌控全局的主持人。

（2）其对于规划有彻底的了解。

（3）其对于现场的物理型态相当熟悉。

（4）其了解法令规章。

（5）其了解整个环境控制计划。

（6）其能够与计划参与人员良好沟通。

二、监测评估与维护管理

河川廊道恢复方案施工完成之后，并不意味着全部的工作都已经完成，监测、评估与适应性的经营维护管理是后续相当重要的工作。对于大小不同的范围，实施的办法也会有所不同。监测包含施工前后与施工当中的监测，每个阶段的监测对于恢复方案的成功与否都相当重要。与监测直接相关的是恢复方案的评估与维护管理，有良好的监测资料才能够评估恢复方案是否朝着目标发展。即使是规划良好的方案，评估后往往也会发现一些无法预期的问题，此时即可进行修改与调整。

（一）施工前监测

在恢复方案开始之前，应建立一套监测的项目，后续的监测也以此为标准。在监测报告中，必须要分析现有情况，是否可达成恢复目标，而且要讨论优缺点。

（二）建立监测计划

规划恢复方案时，就应该提出监测恢复结果的计划。监测计划的拟定包括以下步骤：

步骤一：定出恢复的愿景、目标及目的。恢复的目标直接影响监测计划的设计，应注意以下几点：

（1）目标应简单容易达成。

（2）使目标与恢复方案的愿景产生关联。

（3）目标容易测量与分析。

步骤二：发展一个概念模式。对于恢复方案而言，概念性的模式是一有用的工具，它可用来联系各参数与计划目标。事实上，在整个规划的过程中，概念性模式能够促使规划者定出物理性、化学性、生物性的因子，它们之间直接或非直接相关联。要判断出什么是重要因子，应注意以下几点：

（1）确定河川廊道的现况。

（2）判定河川廊道需要的恢复措施。

（3）对于恢复方案的措施设计有所帮助。

（4）协助设计监测方案。

步骤三：选择预期效益。预期效益标准与恢复目标是互相联系的，如果恢复的目标很清楚，便可制定预期效益标准，可借助任何可量测、可观测的项目来评断系统是否朝着设计的目标前进。设定的目标与评估出来的成效标准越接近，代表恢复结果越成功。

步骤四：选择监测方法与参数。

（1）选择有效的监测参数。

（2）观测整个集水区的动态，包括人为的干扰与天然的干扰。

（3）选择采样的方法。

（4）进行社会文化的调查。

（5）依据水中的生物确定评断的标准。

（6）只进行最低限度的量测。

（7）进行补充调查。

步骤五：成本推估。

（1）发展监测计划本身所需的成本估算。

（2）品质保证。

（3）数据处理。

（4）现场采样计划。

（5）实验室分析。

（6）资料采样与解读。

（7）撰写报告。

（8）提出成果。

步骤六：资料的整理与分类。资料的整理、分类及保存相当重要，最好定期备份档案或保留纸质文本。

步骤七：决定监测的时间与工作范围。

七家湾溪一号防砂坝拆除后畅通流路

樱花钩吻鱼

管理处

（1）将地景生态纳入考虑范围。

（2）决定调查的时间频率与长度。

（3）建立统计架构。

（4）选择采样的水准，也就是说选择决定采样的数量、频度，或进行定量的或定性的描述等。

（三）监测计划推动与管理

监测计划的管理比起恢复工程的规模，或许是微不足道的，但确实是整个恢复方案里相当重要的一部分。

1. 计划的蓝图

恢复方案的计划管理者必须要有一个愿景，即如何进行监测，亦即完成完整的监测工作并提出报告，使之可以成为典范，供其它案例参考，才能对参与计划的工作单位、民间组织或赞助者有所交代。

2. 决定与监测要扮演的角色

当监测过程中，发现环境出现异常变化，例如鱼类大量死亡，监测者要向管理者提出示警，研议是否使工程暂停以厘清责任，此为监测者需扮演的角色。

3. 确保品质

在监测计划里面，要注意数据的品质。

（四）恢复评估

恢复评估是直接判定恢复方案是否成功的方法，恢复方案评估决定恢复方案是否已经达成恢复目标。换言之，恢复评估可决定河川廊道是否得到改善，或朝设定的方向、功能发展。

评估方法通常比较重视生物与物理因子，或两者兼具。主要的评估工具是河川廊道的监测指标，像结构性方面、功能性方面及状况指数。评估有时候会聚焦于某些水生族群，即以某些水生物个体或族群作为指标，判定水质、栖息地状况是否达成恢复目标。评估亦可能专注于河道或河岸区域的物理性质。评估时间的长短与恢复区域对措施或刺激的反应时间有关，长度可能是几个月甚几年。

（五）评估恢复成果的理由

河川廊道恢复的评估是关键性的步骤，但常常被忽略掉。为什么恢复的执行者常常会遗忘掉最后的评估工作呢？理由可能是评估工作相当耗费时间与金钱；或存在某些误解，认为最后的评估是多余的，把多余的预算用于恢复本身或许会更好，但这些都是不对的观念。进行恢复评估有助于了解恢复方案的不足之处，并加以改进，有助于下次的恢复工作。

（六）保护投资

河川廊道的恢复通常花费较多，如果失败便徒劳无功。所以进行监测可提早发现问题，使问题不会变得更棘手，徒耗更昂贵的修护费用。

（七）恢复知识分享与技术提升

恢复的工作技术算是相当的新颖，但也隐含着失败的风险。恢复工作者应该分享他们的经验，提升恢复实务经验上的知识，帮助工作中的权断和取舍。对于现在的有限知识而

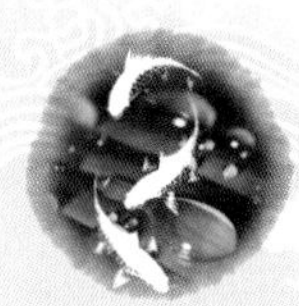

言，分享经验是相当重要的，对于未来的恢复工作更有帮助。

（八）恢复结果

大型的恢复计划有时候会包含很多个目标，恢复的评估是必要的，可帮助判断恢复的结果是否正确，也可以帮助判断结果是否符合目标。

（九）替代方案

因为恢复工作包含了自然的系统，有些事件是不可预期的，针对这种情况可能采用的方法如下：

（1）什么都不做（Do Nothing）：如果人为的进行恢复工作，自然演替的力量反而更快或已经朝正面方向发展，那不如什么都不做。

（2）维持：只需维持河川不致恶化，保持现状朝着可能的目标前进。

（3）做某些改变：例如增加或放弃部分工作项目。

（4）恢复目标的修正：有时监测结果显示，这个系统并未朝着最初设定的原始目标进行，而是朝着其它方向前进，计划的参与者在研商之后，可能决定利用最有效率、最省钱的方式来修正恢复的目标，而不是进行大范围的改变。

三、工作执行

当河川廊道恢复方案设计完成后，要开始进行以下几项重点工作：

（1）事先描述方案。

（2）修正栖息地改善的方法、监测及分析。

（3）恢复工作的有效性与经营管理。

在整个河川廊道恢复过程中，计划的执行→经营管理→监测评估是很重要的。恢复规划的复杂性，根据计划到底要达成什么样的恢复目标与计划的实际执行者所掌握的可用资源。

所有的计划参与者必须了解，恢复方案的计划执行、监测及经营管理都是独立的工作。然而，计划目标可能会随着新知识或新状况的发生而随时改变。

河川廊道恢复方案必须要小心谨慎的进行，下列是必须要进行的工作项目：

（1）决定工作的时程表。

（2）得到主管单位必要的允许。

（3）进行工作执行前的开会与讨论。

（4）将恢复方案的管理者与土地拥有者列为参与开会的人员。

（5）在现场的保护区通道做好安全措施。

（6）标注现有设备的位置。

（7）确认现有的材料来源。

小心谨慎地按步骤执行计划可确保恢复方案的执行成功。现场的准备是执行恢复方案的第一个步骤，准备工作包括如下内容。

（一）指定工作区

恢复方案工作的区域划分由许多因素决定，通常区域的划分受到恢复目标的景观与特征所影响。土地的拥有者，例如地主、管理当局，或天然、文化、古迹都可能对工作区的划定造成很大的影响。总之，现场区域的划设是首要的工作。

（二）事先公告

恢复的场所，特别是漫流高地的部分，经常是在公有道路可通行的地方。为方便起见，工作设备与材料应尽可能放在靠近场所的地方，但要远离河川廊道湿地，以及容易发生冲蚀的地区。这些区域应该尽可能远离民众的视线，以保证安全。

必须要遵守下列原则：

（1）避免通过敏感性的野生动物栖息地、重要的植物地带，或会危害到濒临绝种物种的区域。

（2）尽可能避免穿越河川，若无法避免时，架设便桥时要尽量小心。

（3）减低人为干扰的强度，因为有效地控制土壤冲蚀是非常困难的。

（4）不要建造坡度太陡的通行道路；设置适当的路基，确保雨水能够顺利流到排水口，以免泛滥成灾（如果可能的话，设置卡车洗车站，降低车辆所造成的泥沙土壤污染）。

（5）对于现有私人道路或公众道路所造成的损害，要予以适当的修护。

（三）将干扰减至最小

每项工作都必须确保现场的干扰能够降到最小。对于现有植物的保护、敏感栖息地的冲蚀、泥沙控制、空气保护、水质、文化保护、噪音降低、固体废弃物处理及工作场所的卫生都在考虑范围之内。围篱的设置是一个有效的方法，保护指定区域不受干扰。在一个划设的工作区域范围里面，可使用围篱将整个保护区域圈设起来。使用围篱圈设保护区域，即使遇到既成道路，也可以进行。围篱的材质必须清楚可见，易于识别。

施工时应避免对河川造成重大冲击，除非必要应避免大型施工机具进入河床，工作完成后也应撤出工区（图 10.1）。

图 10.1　重机具施工（拍摄者：胡通哲）

（四）冲蚀

对于冲蚀与输沙的控制，有很多好的原则，可运用到河川廊道的恢复上。在施工现场，可选择适当的冲蚀控制方法，安装冲蚀与泥沙的控制设备可提供施工区域对泥沙的过滤作用。

执行恢复方案的主要元素：

（1）解释整个计划。

（2）现场的准备工作。

（3）场所的清空。

（4）开始施工。

（5）清洁工作。

（6）完工后的检查。

（7）完工后的维持。

（五）水质

施工范围之内的泥沙污染是造成水质恶化的主要原因。但是泥沙污染不是唯一的原因，要注意车辆、机具设备或不适当的容器，例如储油容器所造成的污染。车辆必须要在远离河川的地方进行清洗，且要经过检查才能放行。防止车辆漏油与定期的维修是必要的，如果产生漏油现象，某些机油或汽油是有毒性的，对野生动物、土壤并不好；另外不同的化学物质，例如肥料或杀虫剂，有可能会通过雨水冲刷进入到河川里面。通过设置过滤储存区域，如缓冲带或沉沙池来减轻这些影响。太陡的坡度应尽量避免，因为地面流或雨水的冲刷容易把上述污染很快的带进河川与湿地。

（六）空气品质

在施工范围内，施工车辆或机具设备可能会对空气品质产生影响，虽然并不是经常受到重视，但也是一个必须考虑的项目。飞沙与尘土常常伴随着道路的开辟形成，特别是在比较干燥的地方，在恢复方案开始执行与道路规划时就必须要考虑到尘土的控制。

（七）文化资源

河川廊道的范围可能是人类活动的一个重要地区，虽不会经常发现史前的文化资源，一旦存在，应该依照文化资产保护法或相关的法律来进行适当保护或挖掘抢救。

（八）噪音

恢复工作的现场所传出来的噪音，也必须引起注意并进行控制，相关工作应依照噪音防治法等相关的法令规定进行。

（九）固体废弃物处理

固体废弃物处理是重要的工作，固体废弃物是执行恢复方案所造成的产物。从施工的第一天开始，在施工机具的摆放位置、车辆维修处、材料堆置处及废弃物倾倒处，都需要拟定废弃物的处理方式。每天收工前，所有遗漏在施工区域的废弃物、材料、土壤及机具必须收放在一起，堆放在指定的区域。

（十）工区的环境卫生

要注意工区环境卫生设备，因为这与施工的伙伴、工作人员密切相关。在城市区域，可利用现有的公厕；但在大部分的工程中，可能要设置多个移动式的公厕，而且可能需要当地政府监管单位的核准。

（十一）采用适当机具设备

大部分的河川恢复工作要用标准处理植物，小型河川、湿地或生态池应采用胶轮的施工车辆，避免用履带车轮来回辗压，更不可使用大型重机具。所谓“工欲善其事，必先利其器”。

（十二）现场清理

现场的清理工作可能包括清除不必要的植物、设置工区内的排水设施与保护和移植现有的植物，这要依现场的情况而定。现场的清理工作必须要注意到较大的树木，要留下来或需要处理掉的树木，应加以明显的喷漆标示，以避免发生错误。

（十三）植物移除

有些植物需要移除，可能包括非原生种或外来入侵的种类，它们可能威胁到现有原生种的生存机会。通常采用机械化的方式移除这些外来的或非原生的植物，但也可指定特殊的方法。

（十四）排水

施工现场可能非常潮湿或不易排水，然而传统排水方法是快速地将大量的水排除，可能跟恢复湿地或保护湿地的目标相冲突，所以应该采用不会因排水对湿地造成影响的工法。

（十五）保护和经营管理现有植被

必须要保护现有植被，只有非常小心地使用重机具，才能适度的降低施工过程中对植物的伤害，且在施工计划中要把植被保护区域清楚的标注出来，现有的植物可能需要暂时性的圈围或保护。

（十六）现场施工

现场的准备、清空工作完成之后，恢复方案的现场施工才能真正地开始，例如挖填、取水、植物的栽种等。

（十七）维护管理

经过年度检查发现的问题或突发状况要进行维护管理，以下是几个可能发生的状况：

（1）治疗式的维护管理：治疗式的维护管理源于每年的检查，检查报告会确定出哪些是重要的、需优先处理的项目。

（2）排好日程的固定式管理：固定时间的维护管理是每隔一段时间要进行的，例如锄草、清理公路下面的涵洞等。

（3）紧急维修：紧急维修需要高度的机动性，可能包含护岸植被失败（无法存活），或护岸的冲毁、冲蚀等，这些均属是合理会发生的，其财源、人工及材料，可能被视为计划的一部分，且必须编列预算支应。

（十八）河道与河滩地

廊道的恢复方案通常包含河道与河滩地的再组织，如果这个系统没有达到预期的作用，那可能需要再重新设计、修正，并分析失败的原因。

某些调整是有必要的，但一个连续的动态行为是恢复方案成功的先决要件，从河川廊道恢复的观点来讲，很多传统的河道维护管理方法是不正确的。例如移除漂流物，对于生

态恢复而言是不恰当的，适当的漂流物可带来意想不到的效果，只需要移除部分，某些漂流物可以留下来成为营造栖息地的部分材料。在这里必须特别强调，在台湾所产生的大量漂流物，特别是台风所带来的木材，存在安全隐患时，以不阻塞河道、不影响防洪工作为优先考虑。

（十九）保护与改善方法

在建立鱼类的栖息地方面，若采用使水流方向改变兼具保护河岸目的的工法，需要进行周期性的维护工作。如果发生失败的情况，必须要对设计与工法再评估并找出原因。有些原因可能是由于土壤里面的植物没有发挥预期的作用，例如还没有长成，不足以保护河岸。虽然能找出设计上的弱点并加以更正，但如果导致失败的原因为护岸或构造物对抗太大的洪水、太高的流速所造成，即使再进行植物栽种，仍会遇到类似的问题。

很多河川廊道的恢复方案，河岸植物必须要长成到一定的程度才能够为河岸提供保护，在这之前都是临时性的，必须探讨失败的原因。

四、评估所需技术

恢复工程的完成并不意味着整个恢复计划已经大功告成。恢复工作的参与者，必须要持续进行规划与投资后续河川廊道的监测工作。至于监测的型态与范围，则应视每个栖息地的目标而定，监测可能有多重目的，以下逐一说明：

（1）执行的成效评估：分析恢复工作执行的成效，以及生物方面的有效性，收集恢复现场的数据，其对于生物相的关联，必须要证明有效。

（2）趋势分析：经过长期的取样来评估生态在时间与空间上的变化。

（3）风险分析：确定出生态系统潜在与可能危害整个河川廊道的风险来源。

（4）底限：以某个特定区域来量化生态过程。

评估的目的在于检查有无充分执行当初的构想。监测所使用的测量方法（如物理、生物或化学因子）及测量结果，可用来描述恢复工作的有效性，关系到今后的经营管理步骤。因此采样的位置、监测的方法、技术及结果分析，都是整个监测方案所要考虑的。

（一）适应性经营策略

执行工作的有效性与效率性检查，为后续经营管理策略提供依据。适应性的经营管理是建立检查点来决定是否正确的执行工作，通过评估，使经营管理策略有修正的机会。

（二）执行监测

执行监测可解答部分问题，包括恢复工作是否已经正确完成。评估恢复工作的有效性需借助物理性、化学性及生物性的监测，可能是一项昂贵的工作与技术性的挑战。所有的工作人员都要有一个认知，那就是评估整个计划的有效性是基于生态状况的改变，生态状况条件的不断改变使执行监测成为恢复目标中重要的步骤。

（三）有效监测

有效的监测能解答恢复工作是否达到了预期目标。监测的变量可能聚焦在指针物种上，进行有效性的监测，指标物种的选择是一件非常重要的工作。

指标物种的选择必须注意到其敏感性是否足够显示出恢复所带来的变化，而且必须要可量测、可监测以及具统计的有效性。这个程度的监测耗时且昂贵，为了符合经济效益，通常会就一个族群有效样本量进行监测并分析结果，进而放大样本数推估到整个族群。

（四）监测的有效性

监测的有效性回答了一个问题，那就是进行恢复设计的因果关系是否正确，整个恢复方案的规划与执行都是基于这个假设，所以必须要进行检验。

如果答案是否定的，那有可能是当时对生态条件做了不正确的假设，或选择了不正确的指标物种。这个时候的监测可能需要科学化的检查，或者更昂贵的经费支出。

不同的河道测量方式是必需的，参数的度量应当考虑其物理性与稳定性。河川的型态与河流形态学有八个可量测的参数—宽度、深度、河床坡度、河床质、粗糙度、流量、流速、输沙及泥沙颗粒，这些参数和其它的因子（包括宽深比、蜿蜒度及蜿蜒度与宽度的比），可被用来组成河川系统的型式与型态。

（五）生物参数

生物的监测可能涵盖非常广泛的范围，甚至包括有机质、河岸条件及取样的技术。在大部分情形下，预算与工作人员专长将限制评估的调查频度与种类。

河川廊道的生物项目可能包括主要物种的生产力，无脊椎动物、鱼类族群、滨溪与陆域的野生动物、滨溪植物等，不见得完全要做调查，而是由栖息地特性决定。

生物的监测计划有时会包含化学项目的监测，例如河川系统中流量大时的温度以及低溶解氧与某些生物族群的关系，直接监测这些因子，有时可提供更广泛的信息。

（六）化学因子

如果一开始恢复目标是设定在水化学上，监测就必须要决定当初所预定的目标是否与现在相符。化学性的监测型态与范围，有时是依赖监测的目标而定。化学性的监测方法主要讨论系统的化学量改变了多少。化学性的监测通常与生物性的监测相关联，就好像是铜板的两面，生物性的参数通常由几个重要的水质参数组成，当决定这个生物的群聚状态时，生物性的指标通常是有用的。

化学性的采样与监测通常是比较简单的，而且可重复进行，可察觉到时间改变的变化。如果化学物性质的变化速度接近于植物缓慢的生长程度，还可以采取预防措施。例如，水质监测项目中的酸碱度，可监测到水域环境缓慢地变化。某些水中的生物（例如鳟鱼），可能无法即刻反映出来，直到水质酸化具有毒性时才能知道；而水质监测计划可及早发现，避免慢性的中毒事件。所以一个理想的监测计划，应该包含生物的和化学的因子：温度、浊度、溶解氧、pH 值、天然与人造的毒物、水流、养分、有机物质、酸与碱、悬浮固体、河道的特征、产卵的场所、河道中的植物覆盖度、河道中的植物阴影遮蔽、潭与滩的比例、泉水与地下水、底床质、漂流木的树状与大小等（见图 10.2）。

以上这些参数可跟生态方面的监测共同进行，或独立作业。

（七）参考场所

当选择参考场所时，要考虑以下重要因素：

（1）在有关河川廊道中，必须要注意些什么。

（2）选出来的场所受干扰的程度是否非常小。

（3）被选出来的场所是否代表自然的状态。

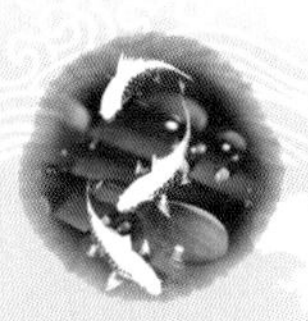

图 10.2　漂流木——宜兰县粗坑溪
（拍摄者：胡通哲）

（八）人类活动

人类通常在健康的生态环境中活动，从这个观点来看，可以作为评估河川廊道恢复方案的重要因素。人类活动的可使用性、利益性，可作为检验河川生态系统的依据之一，很多人为的活动所需要达到的标准，同样也可作为监测评估的因子。

经营管理是一种长期的操作与保护措施，对于栖息地的恢复而言，河川廊道的生态系统在规划与设计阶段决定经营管理的优先次序。这些优先次序通常与常态性的监测分析工作有关，尽量要听从其安排。经营管理的范围可从被动的方法到主动的方法，也就是说经营管理的范围从被动的移除、急性的环境影响事件处理到通过主动的干预来达到恢复生态系统功能的目的。

恢复工作的热情参与者与相关的工作人员，可能有助于经营管理工作的顺利推动，但也可能使情况变得非常复杂。这些成员可能包括相当多的管理单位、土地所有者及有兴趣的保护团体与市民。一个经营管理计划在单一的业主或管理单位实施，计划遭遇的困难可能较少；某些河川廊道的管理单位或业主较多，所遭遇到的困难也随之增多。

一般而言，河川廊道经营管理的决策通常都会碰到几个方面的冲突，例如法律方面的规章、复杂的土地权、拥有者的心态以及廊道、周边集水区的状况等。

（九）河川与溪流

河川廊道执行中的监测，往往决定了河川的经营管理策略，在监测过程当中所发生的诸多问题，部分可由河川廊道的植物栽种来解决。在土地的使用方面，当一个河川恢复方案可能出现非预期的冲蚀情况，而冲蚀可能会威胁到河岸的安全或河岸的功能，此时就要选择其它的恢复技术与方法，再开始进行。

在某些情况之下，河川的流量的控制若是一个选项，可供维持河川的溪流量、水温或其它因子，对于经营管理策略有相当助益。然而什么样的水流型态、栖息地型态是合适的，在设计阶段就要确定出来。如果河川廊道的恢复方案完成之后，水文型态也改变了，这个时候经营管理策略要对整个河川廊道进行大幅度的修正，难度就比较大了。综合而言，一个好的河川廊道恢复计划应该能够预测水文的潜在改变。

（十）森林

对于森林环境而言，河川廊道恢复的规划与设计，应该设定一个恢复目标。如果现存的林相朝着所需要的方向发展，那就不必采取任何行动。一般而言，森林的经营管理策略以保护为主，尽量不采取干预措施。但在退化的河川廊道森林中，若欲达成设定目标，需要采用主动的经营管理策略。

在河川廊道的恢复过程中，对于森林的经营管理，最终还是要回归到对生态的考虑，如果基本目标是恢复与维持生态功能，人工造林应该要模仿天然林的演替历程。

很多经营管理措施，可以达到提升生态的目标。例如，某些控制之下的火灾（专业的研究-林火），使得林相更新，增加了生物的歧异度，但对于其它的生态系统，火灾可能不见得是好事情。对于一个退化的河岸林木来说，可能是鼓励造林的，而且应该加速进行。另外滨溪林木的经营管理，不应该与周边的漫流高地一分为二，而应该是相连接的。

对于狩猎、钓鱼活动，为了保护某些特殊物种，应该在恢复计划中加以考虑。例如配合季节的替换所做的特别的经营管理措施，但效用有可能适得其反，如放很多木头或鱼巢在非鱼类产卵的区域，便徒劳无功。当恢复方案是用来增加鱼类或野生动物族群及栖息地时，应该和当地的主管机关商量，在美国可能是州政府以下的负责单位或联邦政府资源管理局，在台湾可能是水利署河川局、公园管理处或林务局所辖的林区管理处。

（十一）人类影响

城市地区的河川廊道深受人类影响。某些案例中显示，人类的干扰使得河川廊道难以复原。例如，一个已经退化的河川生态系统只能供养数量相当少的原生种野生动物；若是人为放入外来种，将造成食物来源减少的问题。反过来说，如水质的净化、改善措施，可有效地增强恢复的功效。

某些来自城市周遭或已开发地区的干扰影响，例如非常大的暴雨所产生的灾害，可能需要与当地的政府或权责单位协商，以减少或预防对河川廊道所产生的灾害。

城市地区的河川廊道，经营管理可能比较重视休闲游憩、教育功能及社会活动，而生态系的功能可能不是那么重要，但是必须因地而异。行政单位所关心的可能是地方上的法规或施工的许可标准与限制，以避免对河川产生影响。社区的参与方面，社区的住民经常是恢复方案的发动者，可维持良好正面的功能，并且把这一股热情投注在监测的工作上。重点在于社区的居民如果可接受一些专业上的技术指导，接触一些法律上的知识等，便可能做好河川巡守的工作。在非城市化的区域，休闲娱乐功能往往不能伤害生态系统的功能，如果所有的关心者都认为生态系统的完整性是比较重要的恢复目标，可能就要提出一些具体的实施策略。例如保护区的设置，其用意在于减少人类活动对于环境的影响；在河川廊道之内进行休闲娱乐的人，如露营、登山或四轮传动车辆的使用，应该接受教育，学着减少对生态系统以及恢复区内的影响。在某些区域，不一定全面禁止这些活动，例如可划设允许低度影响的范围。但保护区要很明显地被区隔出来，对于某些刚进行植栽的区域，则必须要采取严格的禁制措施。

附　　录

中英文名词对照表（中文名词依笔画顺序排列）

中文名词	英　　文
二次流	secondary current
人为干扰	human - Induced Disturbances
入渗	infiltration
入渗率	infiltration rate
土壤入渗能力	soil infiltration capacity
土壤湿度	soil moisture
不受压含水层	unconfined aquifer
天然堤岸	natural levees
孔隙率	porosity
尺度	scale
毛细边缘	capillary fringe
水文循环	hydrologic cycle
水流频率	flow frequency
水栖昆虫生物指标	family - level biotic index
水解	hydrolysis
牛轭	oxbow
牛轭湖	oxbow lake
未饱和层	vadose zone
永久凋萎点	permanent wilting point
生化需氧量	biochemical oxygen demand
生物整合指针	index of biotic integrity
生态基流量	ecological base flow
田间持水量	field capacity
光解	photolysis
补给区	recharge area
地下水位	ground water table
地下饱和层	zone of saturation
壤中流	subsurface flow
地表滞留	surface detention
地面流	overland flow

续表

中文名词	英　　文
地景	landscape
有效流量	effective discharge
自然干扰	natural Disturbances
吸附	sorption
含水层	aquifer
均匀度指数	evenness index
形成河道的主要流量	channel - forming discharge
快速回流	quick return flow
技术性限制	technical constraints
冲刷坡	cutbank
沉积流量	sediment discharge
含沙量	sediment load
沉积	deposition
沉积区	depositional zone
冲泻质	wash load
冲淤河道平衡关系式	alluvial channel equilibrium equation
冲积扇	splays
辛普森多样性指数	Simpson's index
受压含水层	confining aquifer
定性栖息地评估指数	qualitatively habitat evaluated index
推移质	bed load
床沙质	bed - material load
河川级序	order of stream
河川能力	stream power
河川连续性概念	the river continuum concept
河川廊道	river/stream corridor
河川栖地改善整合模式	5 - S model
河川环境指数	index of stream condition
河川稳定	stream stability
河段	reach
河溪下层区	hyporheic zone
河道	stream channel
河道坡度	channel slope
河滩地	floodplain
河滩地稳定	floodplain stability

续表

中文名词	英　文
侵蚀	erosion
品质保证	quality assurance
品质控制	quality control
垂直复杂度	vertical complexity
后沼	backswamps
毒性有机化合物	toxic organic chemicals
洪水脉冲概念	the flood pulse concept
流量	discharge
流量延时	flow duration
流量变化的生态冲击	ecological impacts of flow
降解	degradation
夏侬—威纳多样性指数	Shannon－Wiener's index
脉状河川	anastomosed streams
陡槽	chute
区域	region
区块	patch
基流	base flow
基质	matrix
深度渗漏	deep percolation
通气层	zone of aeration
径流	runoff
最低能量消耗率理论	the minimum stream power theory
廊道调整	corridor adjustment
挥发	volatilzation
栖息地	habitat
集水区	catchment
溶解氧	dissolved oxygen
溶解	solubility
源头区	headwater zone
滑走坡	slip－off slope
饱和表面	phreatic surface
饱和地面流	saturated overland flow
截流	interception
满岸流量	bankfull discharge
滞水层	aquitard

续表

中文名词	英　　文
漫流高地	transitional upland fringe
蜿蜒卷形	meander scroll
蜿蜒度	sinuosity
酸碱度	pH value
潭	pool
湿周	wetted perimeter
输沙	sediment transport
富营养化	eutrophication
湿地土壤	hydric soils
营养盐	nutrients
总丰富度指数	Margelef's index
螺旋流	helical flow
粘土软木塞	clay plug
转换区	transfer zone
滩	riffles
悬浮推移质	suspended bed material load
推移质	suspended load
辫状河川	braided streams
藻属指数值	genus index
镶嵌块	mosaic

参考文献

[1] 丁昭义，陈信雄．森林缓冲带对农药之过滤作用．中华水土保持学报，1979，10（3）：115－126.

[2] 丁昭义，陈信雄．梨山果园使用之农药对德基水库上下游水质之影响．中华林学季刊，1981，14（2）.

[3] 王永珍．应用河川廊道水理与蜿蜒之特性进行评估水生栖地复育适宜性之研究．中兴大学水土保持学系博士论文，2004.

[4] 台中农田水利会．台中农田水利会农业灌溉排水路应用生态工法可行性之研究，2004.

[5] 技报堂．水路の親水空間計画とデザイン，1996.

[6] 李鸿源，胡通哲．河川廊道栖地改善复育技术与对策（1/3），2004.

[7] 李鸿源，胡通哲，曾晴贤，等．区域排水生态工法之研究及排水情势调查，2003.

[8] 周正明，黄世孟．生态工法评估程序建立——溪流状况指数为例．中华水土保持学报，2003，34（1）.

[9] 林镇洋．生态工法技术参考手册．明文书局，2004.

[10] 林信辉．台湾地区自然生态工法个案图说汇编．环境绿化协会出版，2003.

[11] 林昭远．七家湾溪滨水区植生缓冲带配置之研究．雪霸国家公园管理处，2004.

[12] 胡弘道．兼顾开发与保育——建立森林缓冲带，2004.

[13] 夏禹九，黄正良，王立志，等．林道缓冲带的适当宽度．林业试验所研究报告季刊，1990，5（3）：201－208.

[14] 财团法人曹公农业水利研究发展基金会．针对高雄农田水利会农业灌溉排水路应用生态工法可行性之研究，2003.

[15] 陈树群．台湾地区河川型态分类准则研拟，2004.

[16] 陈树群．台湾地区河川型态分类准则研拟，2005.

[17] 郭琼莹．河川环境保育规划准则，1999：6－15.

[18] 水利局．新店溪中上游治理基本计划，1996.

[19] Alonso C. V.，F. D. Theurer，D. W. Zachmann. Sediment Intrusion and Dissolved Oxygen Transport Model—SIDO. Technical Report No. 5. USDA－ARS National Sedimentation Laboratory，Oxford，Mississippi，1996.

[20] Averett R. C.，L. J. Schroder. A guide to the design of surface－water－quality studies. U. S. Geological Survey Open－File Report 93－105. U. S. Geological Survey，1993.

[21] Bayley P. B.，H. W. Li. Riverine fishes. In The rivers handbook，P. Calow，G. E. Petts，1992，1：251－281. Blackwell Scientific Publications，Oxford，U. K.

[22] Beschta R. TEMP84：A computer model for predicting stream temperatures resulting from the management of streamside vegetation. Report WSDG－AD－00009，USDA Forest Service，Watershed Systems Development Group，Fort Collins，Colorado. U. S. Department of Agriculture，Forest Service，1984.

[23] Bisson R. A.，R. E. Bilby，M. D. Bryant，etc. Large woody debris in forested streams in the Pacific Northwest：past，present，and future. In Streamside management：forestry and fishery interactions，E. O. Salo，T. W. Cundy，1987：143－190. Institute of Forest Resources，University of Washington，Seattle，Washington. B－4 Stream Corridor.

[24] Bond C. E. Biology of Fishes. Saunders College Publishing, Philadelphia, Pennsylvania, 1979.

[25] Booth D. , C. Jackson. Urbanization of aquatic systems: degradation thresholds, stormwater detection and the limits of mitigation. Journal AWRA, 1997, 33 (5): 1077 - 1089.

[26] Booth D. , D. Montgomery, J. Bethel. Large woody debris in the urban streams of the Pacific Northwest. In: Effects of watershed development and management on aquatic systems, L. Rosner, 1996: 178 - 197. Proceedings of Engineering Foundation Conference, Snowbird, Utah, August 4 - 9.

[27] Brinson M. M. , B. L. Swift, R. C. Plantico, etc. Riparian ecosystems: their ecology and status. FWS/OBS - 81/17. U. S. Fish and Wildlife Service, Office of Biological Services, Washington, DC. References B - 5, 1981.

[28] Brinson M. The HGM approach explained. National Wetlands Newsletter, 1995: 7 - 13.

[29] Bourassa N. , A. Morin. Relationships between size structure of invertebrate assemblages and trophy and substrate composition in streams. Journal of the North American Benthological Society, 1995, 14: 393 - 403.

[30] Brazier J. R. , G. W. Brown. Buffer strips for stream temperature control. Research Paper 15, Paper 865. Oregon State University, School of Forestry, Forest Research Laboratory, Corvallis, 1973.

[31] Brown G. W. , J. T. Krygier. Effects of clearcutting on stream temperature. Water Resources Research, 1970, 6: 1133 - 1139.

[32] Budd W. W. , P. L. Cohen, P. R. Saunders, etc. Stream corridor management in the Pacific Northwest: I. determination of stream corridor widths. Environmental Management, 1987, 11: 587 - 597.

[33] Carothers S. W. , R. R. Johnson, S. W. Aitchison. Population structure and social organization of southwestern riparian birds. American Zoology, 1974, 14: 97 - 108.

[34] Carothers S. W. Distribution and abundance of nongame birds in riparian vegetation in Arizona. Final report to USDA Forest Service, Rocky Mountain Forest and Range Experimental Station, Tempe, Arizona, 1979.

[35] Chapman D. W. Critical review of variables used to define effects of fines in reeds of large salmonids. Transactions American Fisheries Society, 1988, 117: 1 - 21.

[36] Cole D. N. , J. L. Marion. Recreation impacts some riparian forests of the eastern United States. Environmental Management, 1988, 12: 99 - 107.

[37] Cole G. A. Textbook of limnology, Waveland Press, Prospect Heights, Illinois, 1994.

[38] Cooper A. C. The effect of transported stream sediments on survival of sockeye and pink salmon eggs and alevin. Int. Pac. Salmon Fish. Comm. , Bulletin No. 18, 1965.

[39] Couch C. Fish dynamics in urban streams near Atlanta, Georgia. Technical Note 94. Watershed Protection Techniques, 1997, 2 (4): 511 - 514.

[40] Covich. Water and ecosystems. In Water in crisis: A guide to the World's Freshwater resources, ed. P. H. Gleick. Oxford University Press, Oxford, United Kingdom, 1993.

[41] Dolloff C. A. , P. A. Flebbe, M. D. Owen. Fish habitat and fish populations in a southern Appalachian watershed before and after Hurricane Hugo. Transactions of the American Fisheries Society, 1994, 123 (4): 668 - 678.

[42] Dramstad W. E. , J. D. Olson, R. T. Gorman. Landscape ecology principles in landscape architecture and land - use planning. Island Press, Washington, DC. B - 8 Stream Corridor, 1996.

[43] Dunne T. , L. B. Leopold. Water in environmental planning. W. H. Freeman Co. , San, 1978.

[44] Feminella J. W. , W. J. Matthews. Intraspecific differences in thermal tolerance of Etheostoma spectabile (Agassiz) in constant versus fluctuating environments. Journal of Fisheries Biology, 1984,

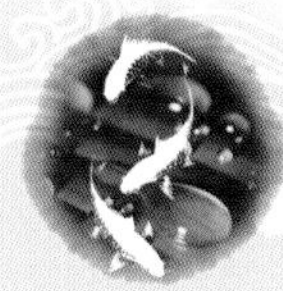

25: 455 - 461.

[45] Forman R. T. T. , M. Godron. Landscape ecology. John Wiley and Sons, New York, 1986.

[46] Forman R. T. T. . Land Mosaics, Cambridge University Press, New York, 1995, 632pp.

[47] Frissell C. A. , W. L. Liss, C. E. Warren, etc. A hierarchial framework for stream habitat classification: viewing streams in a watershed context. Environmental Management, 1986, 10: 199 - 214.

[48] Galli J. Thermal impacts associated with urbanization and stormwater best management practices. Metropolitan Washington Council of Governments, Maryland Department of Environment, Washington, DC, 1991.

[49] Gregory S. V. , F. J. Swanson, W. A. McKee, etc. An ecosystem perspective on riparian zones. Bioscience, 1991, 41: 540 - 551.

[50] Hartmann H. , D. E. Kester. Plant propagation: principles and practice. Prentice - Hall, Englewood Cliffs, New Jersey, 1983.

[51] Hilsenhoff W. L. Rapid field assessment of organic pollution with a family - level biotic index, J. N. Am. Benthol. Soc, 1988, 7: 65 - 68.

[52] Horton R. E. The role of infiltration in the hydrologic cycle. EOS, American Geophysical Union Transactions, 1933, 14: 446 - 460.

[53] Horton R. E. Erosional development of streams and their drainage basins: hydrophysical approach to quantitative morphology. Geological Society of America Bulletin, 1945, 56: 275 - 370.

[54] Hollis F. The effects of urbanization on floods of different recurrence intervals. Water Resources Research, 1975, 11: 431 - 435.

[55] Macrae C. Experience from morphological research on Canadian streams: Is control of the twoyear frequency runoff event the best basis for stream channel protection? In Effects of Foundation Conference Proceedings, Snowbird, Utah, 1996, 144 - 160.

[56] Hu Tung - Jer, Hsiao - Wen Wang, Hong - Yuan Lee Assessment of Stream Condition on Nan - Shih Stream in Taiwan, Ecological Indicators, 2007, 7 (2): 430 - 441.

[57] Hynes H. B. N. The ecology of running waters. University of Liverpool Press, Liverpool, England, 1970.

[58] Interagency Ecosystem Management Task Force. The ecosystem approach: healthy ecosystems and sustainable economies, vol. I, Overview. Council on Environmental Quality, Washington, DC, 1995.

[59] Junk W. J. , P. B. Bayley, R. E. Sparks. The floodpulse concept in river - floodplain systems. In: Proceedings of the International Large River Symposium, D. P. Dodge, 1989: 110 - 127. Can. Spec. Publ. Fish. Aquat. Sci. 106.

[60] Jensen M. E. , R. D. Burmand, R. G. Allen, etc. Evapotranspiration and irrigation water requirements. American Society of Civil Engineers, 1990.

[61] Johnson R. R. , C. H. Lowe. On the development of riparian ecology. In: Riparian ecosystems and their management: Reconciling conflicting uses, tech coords, R. R. Johnson, 1985: 112 - 116. USDA Forest Service General Technical Report RM - 120. Rocky Mountain Forestry and Range Experimental Station, Fort Collins, Colorado.

[62] Karr J. R. Assessment of biotic integrity using fish communities. Fisheries, 1981, 6 (6): 21 - 27.

[63] Karr J. R. , K. D. Fausch, P. L. Angermeier, etc. Assessing biological integrity in running waters: a method and its rationale. Illinois Natural History Survey Special Publication No. 5, 1986.

[64] Kentula M. E. , R. E. Brooks, S. E. Gwin, etc. An approach to improving decision making in wetland restoration and creation. Island Press, Washington, DC, 1992.

[65] Knopf F. L. , R. R. Johnson, T. Rich, etc. Conservation of riparian systems inthe United States. Wilson Bulletin, 1988, 100: 272 - 284.

[66] Knopf F. L. Changing landscapes and the cosmopolitanism of the eastern Colorado avifauna. Wildlife Society Bulletin, 1986, 14: 132 - 142.

[67] Knott J. M. , C. J. Sholar, W. J. Matthes. Quality assurance guidelines for the analysis of sediment concentration by the U. S. Geological Survey sediment laboratories. U. S. Geological Survey Open - File Report 92 - 33. U. S. Geological Survey, 1992.

[68] Knott J. M. , G. D. Glysson, B. A. Malo, etc. Quality assurance plan for the collection and processing of sediment data by the U. S. Geological Survey, Water Resources Division. U. S. Geological Survey Open - File Report 92 - 499. U. S. Geological Survey, 1993.

[69] Kohler C. C. , W. A. Hubert. Inland Fisheries Management in North America. American Fisheries Society, Bethesda. Maryland, 1993.

[70] Ladson A. R. , L. J. White. Development and testing of an Index of Stream Condition for waterway management in Australia. Freshwater Biology, 1999, 41 (2): 453 - 468.

[71] Lane E. W. The importance of fluvial morphology in hydraulic engineering. Proceedings of the American Society of Civil Engineers, 1955, 81 (745): 1 - 17.

[72] Landin M. C. The role of technology and engineering in wetland restoration and creation. In Proceedings of the National Wetland Engineering Workshop, 1993, J. C. Fischenich. Technical Report WRP - RE - 8. U. S. Army Engineer, 1995.

[73] Leopold L. B. , M. G. Wolman, J. P. Miller. Fluvial processes in geomorphology. W. H. Freema and Company, San Francisco, 1964.

[74] Lynch J. A. , E. S. Corbett, W. E. Sopper. Evaluation of management practices on the biological and chemical characteristics of streamflow from forested watersheds. Technical Completion Report A - 041 - PA. Institute for Research on Land and Water Resources, The Pennsylvania State University, State College, 1980.

[75] Lowe C. H. . The vertebrates of Arizona. University of Arizona Press, Tucson, Arizona, 1964.

[76] Mackenthun K. M. The practice of water pollution biology. U. S. Department of the Interior, Federal Water Pollution Control Administration, Division of Technical Support. U. S. Government Printing Office, Washington, DC, 1969.

[77] Macrae C. Experience from morphological research on Canadian streams: Is control of the twoyear frequency runoff event the best basis for stream channel protection? In Effects of Foundation Conference Proceedings, Snowbird, Utah, August 4 - 9, 1996, 144 - 160.

[78] May C. , R. Horner, J. Karr, etc. Effects of urbanization on small streams in the Puget Sound ecoregion. Watershed Protection Technique, 1997, 2 (4): 483 - 494.

[79] Mann C. C. , M. L. Plummer. Are wildlife corridors the right path? Science, 1995, 270: 1428 - 1430.

[80] Maser C. , J. R. Sedell. From the forest to the sea: the ecology of wood in streams, rivers, estuaries, and oceans. St. Lucie Press, Delray Beach, Florida, 1994.

[81] Matthews W. J. , J. T. Styron. Tolerance of headwater vs. mainstream fishes for abrupt physicochemical changes. American Midland Naturalist, 1980, 105: 149 - 158.

[82] McKeown B. A. Fish migration. Timber Press, Beaverton, Oregon. B - 18 Stream Corridor, 1984.

[83] Minshall G. W. Autotrophy in stream ecosystems. BioScience, 1978, 28: 767 - 771.

[84] Minshall G. W. Aquatic insect - substratum relationships. In The ecology of aquatic insects, ed. V. H. Resh and D. M. Rosenberg, 1984, 358 - 400. Praeger, New York.

[85] Minshall G. W. , K. W. Cummins, R. C. Petersen, etc. Developments in stream ecosystem theory. Canadian Journal of Fisheries and Aquatic Sciences, 1985, 42: 1045 - 1055.

[86] Morin A. , D. Nadon. Size distribution of epilithic lotic invertebrates and implications for community metabolism. Journal of the North American Benthological Society, 1991, 10: 300 - 308.

[87] Moss B. Ecology of fresh waters: man and medium. Blackwell Scientific Publication, Boston, 1988.

[88] Naiman R. J. , T. J. Beechie, L. E. Benda, etc. Fundamental elements of ecologically healthy watersheds in the Pacific northwest coastal ecoregion. In Watershed management, ed. R. Naiman, 1994, 127 - 188. Springer - Verlag, New York.

[89] Needham P. R. Trout streams: conditions that determine their productivity and suggestions for stream and lake management. Revised by C. F. Bond. Holden - Day, San Francisco, 1969.

[90] Noss R. F. Corridors in real landscapes: a reply to Simberloff and Cox. Conservation Biology, 1987, 1: 159 - 164.

[91] Odum E. P. Fundamentals of ecology. Saunders, Philadelphia, 1959.

[92] Odum E. P. Fundamentals of ecology, 3d ed. W. B. Saunders Company, Philadelphia, PA, 1971, 574.

[93] Oliver C. D. , T. M. Hinckley. Species, stand structures and silvicultural manipulation patterns for the streamside zone. In: Streamside management: forestry and fishery interactions, E. O. Salo, T. W. Cundy, 1987, 259 - 276. Institute of Forest Resources, University of Washington, Seattle.

[94] Prichard. Process for assessing proper conditions. Technical Reference 1737 - 9. U. S. Department of the Interior, Bureau of Land Management Service Center, Denver, Colorado, 1995.

[95] Resh V. H. , A. V. Brown, A. P. Covich, etc. The role of disturbance in stream ecology. Journal of the North American Benthological Society, 1988, 7: 433 - 455.

[96] Reynolds C. S. Algae. In: The rivers handbook, P. Calow, G. E. Petts, 1992, 1: 195 - 215. Blackwell Scientific Publications, Oxford.

[97] Riley A. L. Restoring stream in cities: a guide for planners, policy - makers, and citizens. Ireland Press, 1998.

[98] Rosgen D. L. Applied river morphology. Wildland Hydrology, Colorado, 1996.

[99] Rouse H. An Analysis of Sediment Transportation in the Light of Fluid Turbulence, Soil Conservation Service Report no. SCS - TP - 25. Department of Agriculture, Washington, D. C, 1939.

[100] Schumm S. A. The fluvial system. John Wiley and Sons, New York, 1977.

[101] Sedell J. S. , G. H. Reeves, F. R. Hauer, etc. Role of refugia in recovery from disturbances: modern fragmented and disconnected river systems. Environmental Management, 1990, 14: 711 - 724.

[102] Shaver E. , J. Maxted, G. Curtis etc. Watershed protection using an integrated approach. In: Proceedings from Stormwater NPDES - related Monitoring Needs, B. Urbonas, L. Roesner, 1995: 168 - 178. Engineering Foundation Conference, Crested Butte, Colorado, August 7 - 12, 1994.

[103] Short H. L. Wildlife guilds in Arizona desert habitats. U. S. Bureau of Land Management Technical Note 362. U. S. Department of the Interior, Bureau of Land Management, 1983.

[104] Statzner B. , B. Higler. Questions and comments on the river continuum concept. Can. J. Fish. Aquat. Sci. 1985, 42: 1038 - 1044.

[105] Strahler A. N. Quantitative analysis of watershed geomorphology. American Geophysical Union Transactions, 1957, 38: 913 - 920.

[106] Simmons D. , R. Reynolds. Effects of urbanization on baseflow of selected south shore streams, Long Island, NY. Water Resources Bulletin, 1982, 18 (5): 797 - 805.

[107] Schueler T. Controlling urban runoff: a practical manual for planning and designing urban best management practices. Metropolitan Washington Council of Governments, Washington,

DC, 1987.

[108] Schueler T. The importance of imperviousness. Watershed Protection Techniques, 1995, 1 (3): 100 – 111.

[109] Schueler T. Controlling cumulative impacts with subwatershed plans. In Assessing the cumulative impacts of watershed development on aquatic ecosystems and water quality, proceedings of 1996 symposium, 1996.

[110] Shaver E. , J. Maxted, G. Curtis, etc. Watershed protection using an integrated approach. In Proceedings from Stormwater NPDES – related, 1995.

[111] Schumm S. A. The fluvial system. John Wiley and Sons, New York, 1977.

[112] Simberloff D. , J. Cox. Consequences and costs of conservation corridors. Conservation Biology, 1987, 1: 63 – 71.

[113] Simmons D. , R. Reynolds. Effects of urbanization on baseflow of selected south shore streams, Long Island, NY. Water Resources Bulletin, 1982, 18 (5): 797 – 805.

[114] Shampine W. J. , L. M. Pope, M. T. Koterba. Integrating quality assurance in project work plans the United States Geological Survey. United States Geological Survey Open – File Report 92 – 162, 1992.

[115] Shields F. D. . Design of habitat open channels. Journal of Water Resources and Management, 1983, 109 (4): 331 – 344.

[116] Shields F. D. , Jr. S. S. Knight, C. M. Cooper. Effects of channel incision on base flow stream habitats and fishes. Environmental Management, 1994, 18: 43 – 57.

[117] Stanley S. J. , D. W. Smith. Lagoons and ponds. Water Environment Research, 1992, 64 (4): 367 – 371.

[118] Spence B. C. , G. A. Lomnscky, R. M. Hughes, etc. An ecosystem approach to salmonid conservation. TR – 4501 – 96 – 6057. ManTech Environmental Research Services Corp. , Corvallis, Oregon, 1996.

[119] Sweeney B. W. Factors influencing life – history patterns of aquatic insects. In The ecology of aquatic insects, ed. V. H. Resh and D. M. Rosenberg, 1984, 56 – 100. Praeger, New York.

[120] Sweeney B. W. Streamside forests and the physical, chemical, and trophic characteristics of piedmont streams in eastern North America. Water Science Technology, 1992, 26: 1 – 12.

[121] Sweeney B. W. Effects of streamside vegetation on macroinvertebrate communities of White Clay Creek in eastern North America. Stroud Water Resources Center, Academy of Natural Sciences, 1993.

[122] Theurer F. D. , K. A. Voos, W. J. Miller. Instream water temperature model. Instream Flow Information Paper No. 16. USDA Fish and Wildlife Service, Cooperative Instream Flow Service Group, Fort Collins, Colorado, 1984.

[123] Thomas J. W. Wildlife habitat in managed forests: the Blue Mountain of Oregon and Washington. Ag. Handbook 553. U. S. Department of Agriculture Forest Service, 1979.

[124] Tiner R. , Veneman. Hydric soils of New England. Revised Bulletin C – 183R. University of Massachusetts Cooperative Extension, Amherst, Massachusetts, 1989.

[125] USDA. Stream Corridor Restoration – principles, processes, and practices, Natural Resources Conservation Service, United States Department of Agriculture, 2001, Washington, DC.

[126] United States Environmental Protection Agency (USEPA) . Watershed protection: catalog of federal programs. EPA841 – B – 93 – 002. U. S. Environmental Protection Agency, Office of Wetlands, Oceans and Watersheds, Washington, DC. B – 30 Stream Corridor United States Environmental Protection Agency (USEPA) . 1995a. Ecological restoration: a tool to manage stream

quality. U. S. Environmental Protection Agency, Washington, DC, 2001.

[127] USDA. Stream Corridor Restoration - principles, processes, and practices, Natural Resources Conservation Service, United States Department of Agriculture, 2001, Washington, DC.

[128] United States Department of Agriculture, Natural Resources Conservation Service (USDA - NRCS). Streambank and shoreline protection. In Engineering field handbook, Part 650, Chapter 16, 1996.

[129] United States Department of Agriculture, Natural Resources Conservation Service (USDA - NRCS). America's private land—A geography of hope. U. S. Department of Agriculture, Washington, DC. Program Aid 1548.

[130] United States Department of Agriculture, Natural Resources Conservation Service (USDA - NRCS). Soil bioengineering for upland slope protection and erosion reduction. In Engineering field handbook, Part 650, Chapter 18, 1992.

[131] United States Department of Agriculture, Natural Resources Conservation Service (USDA - NRCS). Streambank and shoreline protection. In Engineering field handbook, Part 650, Chapter 16, 1996.

[132] United States Environmental Protection Agency (USEPA). Watershed protection: catalog of federal programs. EPA841 - B - 93 - 002. U. S. Environmental Protection Agency, Office of Wetlands, Oceans and Watersheds, Washington, DC. B - 30 Stream Corridor United States Environmental Protection Agency (USEPA). 1995a. Ecological restoration: a tool to manage stream quality. U. S. Environmental Protection Agency, Washington, DC, 1993.

[133] United States Environmental Protection Agency (USEPA). The quality of our nation's water: 1994. EPA841R95006. U. S. Environ - mental Protection Agency, Washington, DC, 1997.

[134] Vannote R. L., G. W. Minshall, K. W. Cummins, etc. The River Continuum Concept. Canadian Journal of Fisheries and Aquatic Sciences, 1980, 37 (1): 130 - 137.

[135] Vanoni V. A.. Sedimentation Engineering, ASCE Task Committee for the Preparation of the Manual on Sedimentation of the Sedimentation Committee of the Hydraulics Division, 1977.

[136] Verdonschot P. F. M., J. M. C. Driessen, H. G. Mosterdijk, etc. The 5 - S - Model, an integrated approach for stream rehabilitation. In: H. O. Hansen & B. L. (Eds), Madsen River Restoration '96. European Centre for RiverRestoration, Denmark, 1998: 36 - 44.

[137] Walburg C. H. Zip code H2O. In Sport Fishing USA, ed. D. Saults, M. Walker, B. Hines, and R. G. Schmidt. U. S. Department of the Interior, Bureau of Sport Fisheries and Wildlife, Fish and Wildlife Service. U. S. Government Printing Office, Washington, DC, 1971.

[138] Ward J. V., J. A. Standford. Riverine Ecosystems: the influence of man on catchment dynamics and fish ecology. In Proceedings of the International Large River Symposium. Can. Spec. Publ. Fish. Aquat. Sci, 1979, 106: 56 - 64.

[139] Ward J. V. Thermal characteristics of running waters. Hydrobiologia, 1985, 125: 31 - 46.

[140] Ward J. V. Aquatic insect ecology. 1. Biology and habitat. John Wiley and Sons, New York, 1992.

[141] Wu J. T., Kow L. T. Applicability of a Generic Index for Diatom Assemblages to Monitor Pollution in the Tropical River Tsanwun, Taiwan", Journal of Applied Phycology, 2002, 14: 63 - 69.

[142] Yang C. T. Potential energy and stream morphology. Water Resources Research, 1971, 7 (2): 311 - 322.

[143] Yang C. T. Minimum rate of energy dissipation and river morphology. In proceedings of D. B. Simons Symposium on Erosion and Sedimentation, Colorado State University, Fort Collins, Colorado, 1983, 3. 2 - 3. 19.